U0182887

和食全史

[日] 永山久夫 著
蔡丽蓉 译

图书在版编目(CIP)数据

和食全史 / (日)永山久夫著;蔡丽蓉译. —杭州:浙江大学出版社,2022.5

ISBN 978-7-308-22480-2

Ⅰ. ①和… Ⅱ. ①永… ②蔡… Ⅲ. ①饮食—文化史—日本 Ⅳ. ①TS971.203.13

中国版本图书馆 CIP 数据核字(2022)第053090号

和食全史

[日]永山久夫 著　蔡丽蓉 译

责任编辑	韦丽娟
责任校对	吕倩岚
封面设计	VIOLET
出版发行	浙江大学出版社 (杭州市天目山路148号　邮政编码310007) (网址:http://www.zjupress.com)
排　　版	杭州朝曦图文设计有限公司
印　　刷	杭州高腾印务有限公司
开　　本	880mm×1230mm　1/32
印　　张	10.25
字　　数	230千
版 印 次	2022年5月第1版　2022年5月第1次印刷
书　　号	ISBN 978-7-308-22480-2
定　　价	68.00元

浙江大学出版社市场运营中心联系方式:0571-88925591;http://zjdxcbs.tmall.com

前　言

日本是位于西太平洋上的岛国。自古世界各地的文化、食物及植物种子即通过水路运送到日本。绳文后期主要有稻米、小米、荞麦、大豆和红豆等食物，从弥生至奈良时代则有以豆酱为主的发酵食品、粉食文化等等，还有镰仓初期的吃茶文化、战国时代的天妇罗与卡斯特拉（又称"海绵蛋糕""长崎蛋糕"），甚至自幕府末期到明治时代这段时间，还有使用牛肉烹调而成的西式料理、面包、牛奶、咖啡，再加上咖喱饭以及拉面等的料理。由外国传来的食物，被改良成日本人偏好的口味，也就是适合日本人味觉习惯的食物后，成为国民美食的例子并不在少数。诸如味噌及酱油便是如此，其原型正是古代中国在大豆中加入盐巴所制成的发酵食品，如今已成为和食的基本调味料，不可或缺。最经典的杰作就是明治时代的咖喱饭。咖喱料理始于印度，经由英国传到日本时，尚属于辛辣料理，为了配合米饭食用进而加以改良，如今已完全变成日本口味。原本在日本就有将料理盛装在米饭上食用的习惯，好比盖饭的吃法，后来就连西式料理，也同样融入了盖饭的概念。从第一碗咖喱饭被端上餐桌，至今也才过了140年左右，如今已成为日本人喜爱的菜色，受欢迎的程度更是经常名列前茅。

回溯自绳文时代演进而来的历史便可发现，至镰仓时代为止，许多食物皆由中国大陆等地区传来，到了战国时代，南蛮文化也就是欧洲料理才开始变多。进入明治时代后,还加入了英国及美国的饮食文化,无论如何,首先一定会有白米饭,接着再将外来料理变化成适合白米饭的味道,成为日本人习惯的口味。尽管外国引进的料理愈来愈多,日本人三餐的基本菜色还是不曾改变。例如主食会有米饭,再搭配能突显米饭风味、帮助下饭的味噌汤,还有促进米饭消化的渍物(即日本料理中的咸菜),由这三样菜色组成一个套餐。

回顾日本人主食的历史,会发现约莫13000年前,日本人开始以内含大量优质碳水化合物的栗子等坚果作为热量来源。绳文后期之后,日本人才着手栽种五谷杂粮,尔后才有稻作物从外国传进日本。自此之后,以米为主的谷物饮食比例增加,主食才由坚果变成了米(包含五谷杂粮)。然而无论是坚果还是米,主要成分为碳水化合物的这一点是相同的。为了有计划地种植稻米,必须在春天插秧,如此一来,秋天便一定能够收获。相较于需要花上一年时间才能再次采收的坚果类,约半年即可收获的稻米效率极佳。而且稻米愈用心照顾收获量愈大,对勤奋的日本人来说,是相当理想的主食。

和食料理的一大原则,就是应与米饭的口味相得益彰。依照这项原则发展起来的和风料理不胜枚举,而其中占最多数的,是以鱼类作为主角的海鲜料理烹调方式。最具象征性的烹调方式,就是日本人最喜欢的刺身,古时候的日本人称之为“鲙”,是将生鱼切成薄片后,沾着酢,或是用大豆、小麦与盐所制成类似味噌酱的酱料一同食用。《魏志·倭人传》中出现的“生菜”,即为奈良时代的鲙,到了室町时代则变成了刺身,但是并不像鲙这样切成细条状,而是将鱼肉切成一大块。传闻在酱油登场之后,将鱼肉切成一大块而非细条状的料理方式，是为了突显出生鲜鱼肉的鲜味。

直到江户时代之后，江户周边才开始有人酿制浓口酱油，以迎合爱吃鱼肉的江户儿女的口味喜好，紧接着刺身、酱煮鱼、佃煮、蒲烧鳗鱼这类的菜色才普及开来，此外还出现了握寿司。刺身、握寿司是发挥食材原味最理想的食用方式，像这种食材至上的观念，在食用象征西式料理的牛肉时，也被如法炮制。最佳例子就是寿喜烧，人们享用寿喜烧时，会先将锅子烧热再涂上油脂，接着放入牛肉拌炒两三下，然后倒入酱汁稍微煮一下，于五分熟的状态下食用。这种食用方式接近刺身。调味的主要成分为酱油，经酱油调味之后，哪怕是西式料理，全都能转变成和食以搭配米饭食用。

最具戏剧性变化的，则属寿司。原本寿司是将生鱼腌渍于米饭当中，借由乳酸发酵，形成带酸味的加工食品。这种加工食品称作熟寿司，将这种腌寿司加以改良后，最后才变成在主食米饭上头摆上作为主菜的刺身，甚至于进化成捏成一口大小的即席料理。这是由十分偏好米饭及鱼类的江户美食家所催生的和食杰作。如今寿司爱好者遍及全世界，甚至夸张到引发了鲔鱼资源的问题。

日本有山有海，食材富饶，绳文人在他们生活的一万多年里，都是依靠大自然供给的食材，即可包办主食及副食。由此所形成的味觉系统，再加上外国传来的食物，在加以改良成日本口味后，和食文化蓬勃发展、十分丰富。日本人所摄取的食材数量之多，在全世界数一数二，连带造就出营养均衡的饮食习惯。因此，日本人才能成为称霸全世界的长寿民族。

平成二十九年（2017年）三月

永山久夫

目　录

第　一　章

绳文时代的饮食

じょうもんじだいのしょく

因料理革命而展开的绳文时代

久远的和食文化之源流

绳文时代，是因料理革命而展开的。从现代回溯至大约13000年前，绳文人随身携带作为炊煮用途的土器，英姿飒爽地登场。那时正值漫长冰河时期画下句点，气候变暖。海平面上升后，日本形成巨大列岛于海中独立，宣告脱离大陆地区。在日本，诸如纳玛象这类的大型野兽绝迹，取而代之的则是野猪、鹿、兔子、狸、熊等动物，并且依靠着森林的富饶果实茁壮成长，大举繁殖。再加上岛上河川发达，海水引入内陆地区后，低海拔的平原部分形成浅滩湖泊，演变成鱼类、贝类及海藻等生物栖息的绝佳渔场。河川及湖泊里有淡水的蚬及田螺等小型贝类繁殖，邻近河口的大海里头则有花蛤、牡蛎、角蝾螺等贝类繁殖。在不同季节还能捕获到许多不同的鱼类。

世界上年代最久远的炊煮用土器，曾于福井县及神奈川县等地出土，这些出土的土器有助于一窥绳文美食的奥秘。绳文时代草创期的土器呈长筒状，被称作“深钵”，但从使用方式的角度来看，反而类似较深的深土锅，而且外侧多用烟灰涂黑，内部残留着焦痕。仔细观察深钵的外形，可发现这种土器适合用来炖煮或氽烫，也能用来烹调汤品。由于绳文之前的料理基本只有烧烤、熏制、日晒等烹调方式，因此使用深钵可说是一大料理变革。绳文土器被视为世界上最古老的炊煮用具之一。日本人的先祖绳文人，正是使用了这种土器才尝试研发出各式各样的食材资源，而绳文料理便是和食文化的起源。

世界最古老的氨基酸汤品

当时的河川、海湾及浅海滩都栖息了许多蚬、花蛤这样的小型贝类，而且这些食材采集方式简单，就连小孩子也很容易采集到。小型贝类如果用烤制的方法食用的话效率不高，下锅煮才是最合理的食用方式。最重要的是，小型贝类两片坚硬的外壳经过烹煮打开后，鲜味会释放到汤汁里头。因此想细细品尝谷氨酸、甘氨酸这类氨基酸的鲜味成分，就得将小型贝类煮成汤品。而较深的长筒状土锅，正是用来料理贝类汤品最理想的锅具。因此发明深钵的绳文人，可能是全世界最早享用内含高浓度氨基酸的汤品，饱尝鲜味的人了。

从日本各地绳文人遗留下来的贝冢中，人们发现出土的贝类种类超过350种，有体型庞大的大型贝类，也有小型贝类，还有一些螺等。绳文人大概明白不同贝类吃起来的味道具有微妙差异，还发现在烹调贝类时撒上水芹、鸭儿芹、野蒜等会使风味更佳。依据现代的说法，撒在贝类上的正是香辛料、调味料。

栖息于河川上游及湖泊等处的蚬，对于内陆地区的绳文人而言，属于难得一见的营养美味。蚬的优质蛋白质优于鲍鱼及蛤蜊，蚬汤的氨基酸浓度尤其高，说实话，蚬汤可谓是提升绳文人活力，增强精力的饮品。此外蚬还含有大量的维生素B群和钙等物质，在维持青春活力、保持健康等方面，也是能发挥极大帮助的。

绳文人制作的土器不仅能让人品尝到贝类煮成的汤品，还能炖煮鱼类及鸟兽的肉，而且似乎也一直被用来炊煮菇类及果实等料理。总而言之，土器使绳文人在食材方面的选择范围愈来愈广，进而引发了味觉革命。

各式奇异食材

遗留在日本列岛各地的贝冢，是传递绳文饮食文化的信息储存库，同时也证明了绳文人具有高度发达的味觉。各地的贝冢中出土的不仅有贝壳，还有被食用后的兽类、鸟类、鱼类的骨头，甚至还有果实外壳等等。

绳文人以采集、狩猎、捕鱼为生，食物来源于高山、森林、海洋、河川等大自然当中，这些就是他们全部的食物资源。因此，他们对大自然的恩惠满怀感激之情，所以才会认为大自然等同于神明或超自然力量，随时不忘感谢及祈祷。他们乐在四季更迭之中，诚心诚意地品尝着大自然的恩惠，且绝不会糟蹋大自然的食物资源。这是展现绳文人精神世界的一种超自然魔力论，这样的自然观，如今也在日本人的内心深处不断发酵。展现在绳文土器及土偶上的强势印象，完全就是对绳文超自然魔力论的发扬光大。

自绳文遗迹所发现的食物资源种类极多，如下述这般多姿多彩，依据各种研究书籍及数据，列举如下。

贝类：花蛤、蚬、蛤蜊、牡蛎、角蝾螺、鲍鱼等350种以上。

鱼类：鲣鱼、鲷鱼、鲔鱼、鲑鱼、鳟鱼、鲈鱼、沙丁鱼、鲭鱼、鲀鱼、鲤鱼、鲫鱼、香鱼、鲻鱼、鳗鱼、鲶鱼等70种以上(也会捕获鲨鱼等)。

兽类:野猪、鹿、野兔、狐、狸、白颊鼯鼠、狼、猿猴、羚羊等60种以上。

鸟类:雉鸡、铜长尾雉、鸭、鹤、天鹅、鹭等35种以上。

果实类:核桃、栗子、榧子、娑罗子、橡子等30种以上。

其他:百合根、山芋、山慈菇根等淀粉类食物,再加上山菜,还有菇类、海藻类食物,此外推估还有用来制作绳文酒的原料山葡萄、蓝莓、无梗接骨木、黑莓等不易残存于遗迹当中的数百种植物。

丰盛的杂食时代

正如同"贝冢"这个名称的由来,贝类的种类及数量都占了最多。由此可见,当时贝类得以大量栖息的浅沙滩十分充足,采集相当容易。从贝冢可以清楚得知,食材种类极为多元。种类多,代表绳文人了解各季盛产的美味,及食材特有的本味,所以食物口味信息极为丰富。绳文饮食的最大特征,在于"杂食性",可说是一种风味变化极为丰富的饮食文化。因此,绳文人在营养方面出乎意料地均衡,可推测绳文人都过着健康的生活。

和食如今成为世界非物质文化遗产,在国际上备受关注,而和食文化的根基,正是在绳文时代所形成的"品味当令食材"与"杂食文化"。现在的日本人堪称是食鱼民族,放眼全世界无人能出其右。从鲔鱼这般的大型鱼类,到沙丁鱼这等小型鱼类,实际食用的鱼类种类多到不行。像这样偏好摄取鱼类、贝类的习惯,正是承袭了始自绳文时代开发、食用水产资源的传统。虽然在超市的生鲜卖场都会备有牛肉、猪肉、鸡肉等肉类,不过水产的种类却是压倒性的，不但有鲔鱼、鲑鱼、鲷鱼、鲭鱼、沙丁鱼、鳗鱼，更有章鱼、乌贼，甚至还有花蛤及鲍鱼。

“初物七五日”的智慧

日本列岛四季分明，春夏秋冬约莫每三个月依序更迭。为绳文村落通报季节更迭的季风，同时也会捎来该季带头上市的食材消息。这些消息就是在通知人们又有“蔬果初上市”。日文将早上市的时鲜称作“初物”，而且日本有句古老谚语称作“初物七五日”。这句谚语的意思是说，吃了初物就能延长75天的寿命，传闻吃初物有助于身体健康。初物下市后，紧接着上市的就是“当令美味”。当令的蔬果含有大量维生素C、胡萝卜素、抗氧化成分，当季盛产的鱼类则富含油脂，所以当令食材不但风味佳，营养价值也很高。对于当时缺乏有效药物的人们而言，在每季食用当令食材，是最为有效的健康管理方式。

出土文物明确诉说着，日本人对季节的执着就是在绳文时代成形的。依季节来说的话，贝类的采收期主要在春季至夏季，且目前已知绳文人习惯将大量采集到的贝类加工成干货作为便于储存的食品。让人难以置信的是，在东京都北区于绳文时代中期至后期（4800年前至4000年前）所形成的中里贝冢，这个日本最大规模的贝冢竟然曾是水产加工的一大据点。这个堆积场的贝类紧密堆叠，高度达3—4米，宽度有30—40米，长度连绵了1公里，面积有4公顷。中里贝冢不仅体积庞大，还具有以下几个特征。

中里贝冢并不是沿着东京湾海岸线在部落一角被堆积而成的贝冢，而是在远离村落的沙洲形成的，为居住在周边地区的人们协力进行贝类加工作业的场所，算是一处专业加工场。堆积在此处的贝类几乎仅限文蛤及牡蛎，并由这两种贝类交互形成贝层，高耸的贝层能高达4米。最引人注目的就是发现了沙地下方30厘米左右深度的如同锅子形状的坑洞。人们推测此坑洞为煮沸器，用以加工贝类，坑洞底部有坚硬的黏土，在其下方铺上树枝后，再倒入大量的水与贝类，然后投入烧热的石头将贝类煮熟，如今坑洞上还留有加热处理后煮沸的痕迹。采取这样的石头加热法，即便没有沉重的土器也能加热贝类，而且其构造比土器规模更为庞大，所以人们处理食材的能力也得到了突破性的提升，可说是绳文人的高科技创造。

这种砂锅的坑洞底部曾有烧过的瓦砾及贝壳出土，此构造便十分类似于用热石蒸烤肉类及鱼类等食材的集石土坑。在当时，人们会挑选采收体型较大的文蛤或牡蛎，文蛤的宽度多数在12厘米左右，牡蛎则都是宽度在10厘米以上的大颗牡蛎。现在看来，全为商品价值较高的贝类。由此可推测绳文人已有对贝类进行资源管理的意识，并不会采收小颗的贝类，甚至还会在近海地区养殖牡蛎。据记载，在古罗马时代就已经出现了牡蛎养殖行为，但是绳文人的牡蛎养殖历史可追溯至更早之前。从养殖规模大小来看，绳文人养殖牡蛎的规模远超过自给自足的范围，因此肯定是用来与内陆地区或高山地区的部落做交易的特产商品。也就是将贝类加工成保存性佳的干货后，用来交换石器、黑曜岩、毛皮等。

贝类制成干货后水分会蒸发，所以相应的蛋白质含量也会增加。由于蛋白质在日晒过程中会转换成氨基酸，所以鲜味会急剧倍增，对于远离大海的人们而言，应该算得上是珍馐美味了。而且贝类干货内含盐分，有助于补充盐分。此外贝类还含有许多牛磺酸，可预防视力老化，在保护肝脏方面也具有一定的成效。由于贝类干货浓缩了鲜味成分的谷氨酸，因此人们在烹煮山菜、蘑菇、橡子时，通常会加入贝类熬制的高汤以增加菜品的鲜味。绳文人会利用山葡萄、蓝莓等果实酿造类似红酒的酒，说不定在满月的夜里，绳文人还会用美酒佐以贝类干货，畅饮、热舞一番。

精通食材原味的绳文人

引领创新技术的绳文人

无论是土器的发明,还是牡蛎的养殖,日本绳文人在世界历史的定位上,一直属于走在创新技术的最前端。日本全国各地于绳文时代所形成的贝冢,估计约有1600处,其中超过800处皆集中在关东地区,而且据说当中有50%以上聚集在千叶县。

贝类的采集,通常集中在春天至夏天,与现在的拾潮时期如出一辙。此外,还发现绳文人会在其他季节采集贝类,但数量较少。由此可知,当绳文人遇到食材不足时也会采集贝类,所以当时贝类属于相当重要的食物资源。

东京湾多浅滩,注入此处大大小小的每条河川,都会从上游的森林里,把贝类生存所需要的营养有机物运送过来,这有助于贝类的大量繁殖。千叶市是贝冢相当密集的地区,加曾利贝冢就是其中之一。顺着流经千叶市中央地带的都川,可发现一处表面平坦的高地,这里就是由名为北贝冢及南贝冢的大型马蹄形贝冢组成的。这处高地形成于绳文时代中期至后期,耗费了约莫1000年的岁月,但却是在5000年前才开始建造的贝冢。

NAMEROU(なめろう)与SANGA(さんが)

贝冢最厚的部分达2米,曾有文蛤、花蛤等贝类,还有鲷鱼、鲈鱼、竹筴鱼,再加上鲸鱼、海豚、野猪、鹿、狸、猿猴等动物的骨头大量出土,也曾挖出过各种土器、土偶、耳饰、石皿、钓鱼钩、鱼叉等骨角器。千叶县有许多以鱼类或贝类作为食材的乡土料理,例如流传至今的渔夫料理NAMEROU与SANGE。NAMEROU是将刚捕捉到的鱼用菜刀剁碎,并加上味噌等调味后直接享用,其滑顺口感正是这道料理的命名由来。另外还有将NAMEROU填入鲍鱼壳中,以直火烧烤而成的SANGA。传闻绳文人当时是将鱼肉剁碎并调味后,再用蜂斗菜或紫苏等叶片包起来烧烤。

可见就连熟知食材原始美味的绳文人,也是用这种烹调方式在享用美食。如今大家最常做的NAMEROU料理,就是竹筴鱼NAMEROU,一般会将竹筴鱼片成三片后摆在砧板上去皮,接着再将生姜、紫苏叶及味噌等食材混合均匀,同时用菜刀一同切碎便可完成这道料理。而将这种NAMEROU用贝壳或平底锅加热制成的料理,便叫作竹筴鱼SANGA。假使身在绳文时代,或许还会利用长在土堤等处、具有爽口辣味的野蒜作为香辛料,来凸显鱼肉的风味。接着将这种NAMEROU摆在烧热的石头上慢慢烤熟后,便是一道绳文SANGA料理了。

不断演进的粉食文化

将食材切碎糅合,捏成型后放入热汤中烹调,就是所谓的“摘入”，也称作“抓入”。这种糅合食物的文化，为绳文饮食文化中一种。绳文人会将食材切碎并调味后，用手捏合成型，有时会捏成丸子状，有时会捏成汉堡排状。制作这些料理的工具为石皿及磨石，在各地的绳文遗迹中都有大量出土。包括制作千叶县NAMEROU及SANGA的工具，也都是利用这种石皿、磨石。而且想要将橡子、婆罗子等坚果磨成粉，也不能缺少这样一套用具。

从历史的角度来看，自绳文时代到现代，日本人主要的热量来源，一直都是碳水化合物，从未改变，差异只在于碳水化合物的原料。例如绳文时代的粉食文化中的原料，就是栗子或橡子等坚果。相对于此，自弥生时代米食普及之后，日本人的饮食才发展成将整颗谷物煮熟食用的粒食文化。居住在日本列岛上的人们，主要的热量来源也从摄取坚果类的碳水化合物，变为摄取谷物的碳水化合物。

秋季最为人乐道的果实是栗子，其次为核桃。栗子松爽美味，无论是烧烤还是蒸煮都很美味，甚至生吃都行；核桃同样可以生吃，而且味道浓郁又甜美，此外核桃还含有68%的脂质，秋冬季节食用会有很好的抗寒保暖效果，再加上核桃含有大量的维生素B1，还有助于消除疲劳。反观橡子、婆罗子则必须先去除涩液才能食用，否则实在生涩到难以入口。婆罗子去除涩液的过程十分费时，首先要浸泡在水中驱虫，接着晒干，其次要用热水泡发后再去皮，然后装袋用流水漂洗，此外还要将其浸泡在碱水中数日，最终才能将涩液去除掉。去除涩液后的婆罗子还得再用水洗净，日晒至完全干燥后再磨成粉才可食用。属于常绿乔木的橡树结的橡子，需经水漂洗以去除涩液，若是属于落叶乔木的橡树结的橡子，据说还需要重复煮沸及漂水的步骤，方能去除涩液。

绳文面包及石皿

继土器登场之后，石皿及磨石也出现了，这应该是因为绳文人已经了解橡子等坚果，只要经事前处理再加热，同样能得以食用的缘故。石皿是用来磨粉的用具，此外，要想将肉类和鱼类等食材加工成泥状，同样得用到石皿。

绳文粉食颇具独创性，从营养层面的角度来看也是无可挑剔的，很可能是因为当时人们的日常饮食。由日本各地遗迹的出土文物皆可发现饼干、椭圆形面包、手捏年糕状的碳化物，这便是最好的证明。诸如在山形县高畠町的押出遗迹发现的绳文饼干，就富含营养。从当中的脂肪酸分析可清楚得知，这是将栗子、核桃大略磨成粉后，混合野猪肉、鹿肉等，再加入动物血所制成的。此外为了增加黏性，还加入了野鸟蛋，将各类食材加以糅合后，再摆在加热后的石头上慢慢烤熟。不仅如此，据说还发现他们会在面团成型后静置，使之发酵熟成。

从长野县富士见町出土的椭圆形面包，就是糅合橡子等果实的粉末和增加黏性的山芋制作而成。从各地遗迹中出土的绳文粉食多彩多姿，比方说花林糖造型的面包，这或许就是用来讨小孩子欢心的吧？制作粉食时，为了增加黏性，肯定使用了大量的山芋，那是制作时绝对不可欠缺的食材，然而山芋却不容易留存下来成为出土文物。时至今日，山芋依旧会被用于增加荞麦粉的黏性。

绳文粉食中还有一种粉食，就是荞麦。目前在各地均曾发现荞麦，已确定自久远年代即着手栽培。由于荞麦可在高山上种植，且短时间就能成熟，即使是简单的栽培方式也能有一定程度的收

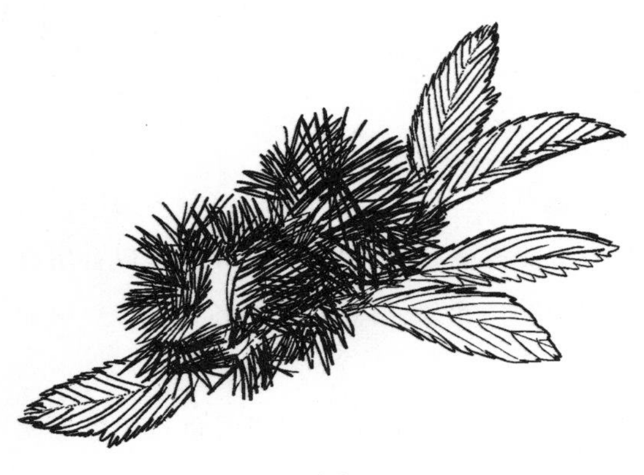

栗子

获量。主成分为淀粉的谷物,大部分都属于禾本科,但是荞麦却属于蓼科。而且荞麦的粒子比其他谷物小,因此更容易煮熟。每100克的荞麦粉内含有12克的蛋白质,蛋白质含量高于白米及小麦,而且具有丰富的维生素B1,可消除疲劳、恢复体力。因此,对于以狩猎为生计之一的绳文人而言,是十分可靠的食材。从前修行者或忍者入山行动时常会随身携带荞麦粉,空腹时便以清水搅拌后食用。想必绳文人在出远门时,应该也都会将荞麦粉带在身上。

美味的御烧

一说到信州(今长野县),便不得不提到知名的乡土食物御烧。这是将荞麦粉或面粉加水揉后,再在里头包进内馅,经烧烤或蒸煮而成的食物,而其源头或许可回溯至绳文粉食。在长野县八岳南麓曾发现过许多的绳文遗迹,由于当时粉食十分盛行,因此有面包状及花林糖状的碳化物出土。绳文人会将石头烧热后,将橡子粉等食材制成御烧状的面包，再把表面稍微烤一下，然后埋进地炉的热灰中蒸烤至熟。日本的东北地区直到战前，都还是依照这种方式烹调粉食来食用的。有时还会用荞麦粉制成丸子，再串起来用地炉烤，然后蘸着加入葱花的味噌食用。

直到发现储藏穴后，才逐渐明了绳文人是如何保存作为主食的婆罗子等坚果的。用来储藏坚果的洞穴，直径超过1米，深1.5米左右，但是洞穴里位于上方的入口十分狭小，且储藏穴呈烧瓶状。储藏穴的底部会先铺上树叶，接着放入果实后再用黏土密封保存起来。所以像这样的洞穴只要搭建几处，便足以使用一整年，其构造十分类似如今在东北地区人们用来保存薯类及白萝卜等食材的土窖。

十分适合作为主食的栗子

一棵栗子树会结出许多果实，而且栗子既能生吃，也能长期储存。以每100克的热量来算，相较于糙米的350大卡，栗子虽然只有区区164大卡，但却比地瓜的132大卡来得多。在维生素B1方面，糙米含有0.4毫克的维生素B1，地瓜为0.1毫克，栗子则为0.2毫克。再看人们维持健康不可或缺的维生素C在各类食物中的含量，糙米中的维生素C含量为0，地瓜为29毫克，然而栗子竟有33毫克，栗子的维生素C含量最多。

与栗子同样常被人们食用的核桃，其营养价值不但出众，且热量高达674大卡，热量几乎是糙米的两倍。每100克核桃所含的脂质也有68克。而可保持青春活力、改善血液循环的维生素E在核桃中的含量也很高，每100克核桃含3.6毫克维生素E。核桃常作为洋酒的下酒菜，原因便在于其浓厚风味可衬托酒香，让人尽尝品酒之乐。

栗子很适合作为主食。为了采集到充足的栗子，绳文人会在栗子树林附近建造部落，有时为了能让栗子树果实累累，还会动手照料栗子树。这点可从位于青森市规模巨大的三内丸山遗迹得到证实。据说三内丸山的这座规模显著的大型绳文部落，最盛时期有多达500人居住，这也意味着绳文人确实能够取得喂养这些人口的食物资源。自绳文前期（5500年前）至中期尾声（4000年前）的这1500年，这里一直都是得以让人定居下来的富饶土地。

研究者用水清洗遗迹的土壤，并过筛进行调查后，发现了大量的栗子、核桃、葫芦、牛蒡等植物的果实。为数最多的，是栗子的果实及外壳，大量的出土文物显示，栗子与当时的生活具有密切关联。而且从栗子的花粉也曾大量出现这一事实来看，可判断三内丸山的绳文人一直有计划性地种植栗子。只不过并不像水田稻作那样有系统地栽种，但可推测收获量肯定比自然采集更多一些。此外在同一处遗迹仅发现了些许橡子，那是因为当时已经存在可简单食用又美味的栗子了。

鲷鱼刺身与水果酒

三内丸山遗迹中的动物遗体很少出现鹿或野猪等大型野兽，较多的是兔子或白颊鼯鼠等小型动物，以及一些鸟类。这似乎是因为部落人口数量增加太多，再加上野猪也被捕捉殆尽的缘故。不过鱼类倒是一直不少，诸如鲷鱼、鲔鱼、鲕鱼、鲽鱼、竹筴鱼、沙丁鱼等，不但种类丰富且数量繁多。另外还曾发现过鲷鱼及乌贼的口器，此外也曾发现虾蛄的下巴，或许绳文人也曾加工制作成乌贼一夜干（一种料理方法）或干鱿鱼等食物，作为下酒菜或零嘴大快朵颐。从同一处遗迹，还发现了身长约有1米的真鲷骨骸。不过鱼骨并非呈现四处散落的状态，所以当时的人很可能是将鱼肉片下来料理成刺身食用的。

由此可推测，美食触觉敏锐的绳文人，非常了解当令盛产的肥美鱼类生食会更加美味的这个道理。而小型的沙丁鱼等鱼类，绳文人则会将鱼肉连同内脏用石皿捣碎，并加盐腌渍后制成鱼酱，十分适合作为搭配刺身的蘸酱。此时若再撒上一些山椒粒或滴几滴水果酒，说不定还能变成符合现代人口味的酱油蘸酱。另外从出土遗物中还找到了许多山葡萄、黑莓、无梗接骨木果、桑葚等果实，由此可知绳文人也常享用水果酒。上述的每一种果实糖分都很高，只要将挤出来的果汁用大型深钵集中起来，接着倒入大量野生酵母进行发酵，就能进而酿造出酒精饮品了。

健康长寿的绳文人

设有地暖的竖穴式住居

竖穴式住居是一种自地面往下挖掘数十厘米深的半地下屋建筑,基本规格为一房,中央设有火炉。屋内的火炉即为地炉,除了用来炊煮食物之外,还能发挥室内照明及供应暖气的功能。当火炉的火升起来后,烟雾从屋顶缝隙中散出,连带屋内的湿气也能顺势挥散。烟雾不但能熏制排列于火炉上方的鱼类和肉类,让食材的风味凸显出来,还能给屋内杀虫杀菌。由于屋顶的高度低,结构坚固,所以既可耐风雪,也极为抗震。此外房屋的通风效果佳,因此小巧却舒适的绳文人家庭式竖穴式住居,能让一家人住得很愉快。而且只要将火炉的火埋进灰里变成炭火,还能转换成地暖,因此即便到了冬天也能过得相当舒适。

绳文人用的典型的炊煮是深钵土器,其口径及高度在30厘米左右,具有8升左右的容量。而绳文人最擅长的料理,推测应是加入面疙瘩的肉汤。除了以鱼类、肉类及贝类烹调而成的汤品,绳文人还会用坚果磨成的粉末加水揉成面团,接着用指尖扯成一块块丢入热汤中,连同热汤一起食用,而且绳文人会各自分取这锅汤后享用。

另外橡子或婆罗子等坚果的粉末，有时会与肉片等食材糅合均匀后，再塑形成丸子状埋入热灰中，烤熟后食用。深钵土器曾被绳文人大量制作并使用，这些深钵土器足以应付全家五六口人的食量。绳文人也会视季节变化菜品，使用鸭儿芹、野蒜、水芹、蜂斗菜、海藻及菇类等食材，所以营养方面无可挑剔。一般日常饮食以每个竖穴住屋的家庭为单位，以深钵烹调炖菜料理为主。无论是炖煮料理，还是副食及酒类，原则上其食材大部分都是取之于大自然，再加以灵活运用。

营养均衡的绳文饮食

维持健康不可欠缺的蛋白质、碳水化合物、脂质、矿物质、各类维生素，还有增强免疫力的物质的摄取，绳文人全都仰赖大自然的产物。虽然一部分需靠原始方式种植，不过大多数都取自大自然。即使一整年都依赖大自然的产物，绳文人也能吃到多样化的食材。因此，人体所需的营养皆可摄取到，绳文人的饮食不仅有助于身体健康，还能拓展味觉经验，造就绳文人美食家之说。

不过绳文人所讲究的，是源自大自然的免费的原味美食，这与现代料理专家所呈现的昂贵的现成美食，实在无法相提并论。接着就来探究一下食材月历，看看绳文人分别在四季使用了哪些食材。

绳文饮食·春夏秋冬的食材月历

春

冬季萧瑟的山野开始融雪，草木一齐绽放枝芽。绳文人会在此时全体出动，外出采集野菜。采摘诸如水芹、鸭儿芹、蜂斗菜茎、野蒜、艾草、蕨类、紫萁、楤芽、土当归等，对于在冬季摄取蔬菜不足的绳文人而言，这可是相当重要的惯例行程。在奈良时代的《万叶集》中，也记载着不少采收嫩野菜的诗歌。这些诗歌或许是因为绳文人饱尝当令美味后，身体找回活力后创作的。

春天，绳文人甚至会来到海岸边，采摘海带芽、石莼、昆布等，也开始在退潮时浮现的沙滩上采集贝类。退潮时海浪不会打来，所以采集时间变长了，海水会退到海上，绳文人便能轻而易举采集到大型贝类。

早春的文蛤正逢产卵期，肉身饱满且风味丰厚。想必早春绳文人的第一件事应该就是全家集合，将文蛤摆在热石上加热，大啖烤文蛤的美味才是。以文蛤为例，分析其外壳上的成长线即可得知，整体来说，绳文人采集的文蛤有70%都和现代一样，是在四月至六月这段时间采集的。由于绳文人能够采集到大量的文蛤，所以会将取出的文蛤肉煮沸后再晒干，并储藏起来，也会将晒干的文蛤肉当作交易品。除了文蛤，绳文人还会采集花蛤、角蝾螺等贝类，捕捉鲷鱼、鲽鱼等鱼类。

夏

树林叶色渐浓，黑莓及桑葚等果实正值美味，野菜也在持续生长。生长于溪流及泉水附近的山葵，其根部更是长得肉质肥大，清爽的辣味与日俱增，为食用鱼类刺身不可或缺的香辛料之一。初夏，鲣鱼、鲔鱼等大型鱼类蜂拥而来，此时男性会手持鱼叉或钓鱼钩，乘着独木舟出海捕鱼。鲣鱼、鲔鱼这类鱼因为肉多味美，所以备受欢迎。而除了鲭鱼、鲷鱼、鲈鱼、竹筴鱼等鱼类之外，绳文人还能捕到章鱼、角蝾螺、鲍鱼等食材。就调味料来说，具有举足轻重地位的是作为香辛料的野菜，比如山葵、山椒、野蒜、紫苏等，在料理中会被用来衬托鱼类等食材。

海岸能捕获海胆，而在河川则能捕获香鱼、石斑鱼、泥鳅、鳗鱼、田螺等等，这个季节不仅能品尝美味，这些美味还能有效补充身体因炎热而容易衰退的精力。

秋

日本在稻作物普及之前，绳文人的热量来源皆以树木的果实为主，借此可摄取到八成左右的热量。类似这样的饮食文化能够持续一万年，原因除了日本山区树木的再生能力出人意料地强大之外，别无其他。秋天是全家出动采集这些树木的果实(坚果类)，再加以保存的季节。即便到了现代，秋天仍是忙碌的收获期，而具有与白米同等价值的食物，就是号称“山区白米”的栗子，还有核桃、婆罗子、橡子等坚果。从绳文遗迹出土的坚果当中，为数最多的就属核桃和栗子，结这些果实的树木无不生长在日照好的地方，在阴暗的森林里几乎无法生长。

承前所述，事实上青森市的三内丸山遗迹相当巨大，在5500年前至4000年前一直都有绳文人定居在这里，时间长达1500年左右。由于在三内丸山遗迹中发现了大量的栗子花粉，而且部落附近的栗木树林遍布，由此推论栗子可说是此地居民的主食，属于重要的食物资源。为了安稳定居在这里，附近的居民极有可能着手照料栗子树并加以种植。除了在三内丸山遗迹发现绳文人曾种植栗子树之外，东北各地也都有栽培栗子树的痕迹，于是便有了稳定的热量来源，使绳文人得以定居下来。在这层背景之下，绳文文化在东日本比西日本更加繁荣。

秋天的山野也是果实累累。令人引颈期盼的秋季飨宴，正是美味的蘑菇。香菇、鸿喜菇、平菇、舞菇等菇类可煮成美味的汤品，也能串起来烧烤以品尝其独特风味，香菇晒成干可加工成耐储存的食物，还能用来熬煮高汤。山葡萄、荚蒾果、软枣猕猴桃、五叶木通果等食材能用来点缀料理增添甜味，因此在三内丸山遗迹中，就有大量无梗接骨木的种子出土。而且上述的每一种食材都能作为水果酒的原料，酿出美味的酒精饮品。

海里可捕到沙丁鱼、秋刀鱼、鳕鱼、鲻鱼、梭子鱼等鱼类，河里则有肥美的鲑鱼浮出河川表面发出声响，为了产卵逆流而上，这对于居住在内陆地区河边部落的绳文人而言，是年年期待的一顿丰盛飨宴。由于在短期间内能大量捕获充满肥美油脂及丰富营养的鲑鱼，所以绳文人会用日晒、盐渍、熏制等方式加工鱼肉以便于储藏，这种加工鱼肉也是用来交易的重要商品之一。虽然鲤鱼及鲫鱼等淡水鱼因为水分过多不容易晒成干货，不过每到秋季大量逆流而上的鲑鱼，晒成干货后恰好能成为度过寒冬的宝贵蛋白质来源(参阅《全身是宝的鲑鱼》)。

冬

冬季来临后，草会枯黄，树会落叶，因此视野会变好，容易发现猎物，例如肥美的野猪、鹿、兔子、狸、雉鸡、铜长尾雉，再加上候鸟等，因此冬天是最适合打猎的季节。冬天也是围绕在竖穴式住居的火炉边，享用野猪肉串及土锅料理的季节。在炖煮料理中，或许还会加进以橡子粉为原料，混合增加黏性的山芋制成的面疙瘩或丸子等食材。

冬季是大吃肉类料理果腹的季节，以便撑过漫长严冬等到春季到来，同时也能增强抵抗严寒的体魄。只不过为了避免肉类这些食物资源枯竭，从出土的骨骸中可确定，绳文人避讳捕捉雌兽及幼兽。冬季也是捕获鳕鱼、日本叉牙鱼、比目鱼、鲕鱼、乌贼等海产的季节，河川及湖泊里则能采集到蚬等贝类。

山芋同样是在寒冷季节才能品尝到的美味，也能埋进土里储存。而且山芋具强烈黏性，内含消化酵素，有助于维持身体健康。例如绳文饼干等食物，就是依靠山芋特有的黏性制成的。就同为淀粉类食物而言，除了山芋之外，地下茎或球根都能使用的食材还有野葛、百合、猪牙花、蕨类等等。

健康长寿的绳文人

绳文人之所以健康长寿，主要是因为营养均衡。绳文人的饮食中肉类及鱼类的比例较高，因此摄取具备均衡氨基酸的优质蛋白质较多。人类的身体有60%为水分，20%为蛋白质，15%为脂肪，其余为钙质等矿物质及糖类。而蛋白质由20种氨基酸组成，其中的9种氨基酸无法于体内合成，因此必须从食物中摄取，这些氨基酸便称作必需氨基酸。内含必需氨基酸的营养素为动物性蛋白质，也就是肉类及鱼类。人体的肌肉、皮肤、毛发、骨骼、大脑，甚至于神经传导物质、激素、血液，全都是以蛋白质为主要成分，因此人体的基本原料就是蛋白质。追捕鹿或野猪时，可强化体力、避免疲劳的成分，也是蛋白质；帮助身体抵抗疾病的成分，同样为蛋白质。

绳文人会摄取栗子、橡子、核桃等碳水化合物，也会从水芹、野蒜、艾草等食材中摄取维生素C及胡萝卜素，还会充分食用含有防御紫外线伤害的抗氧化成分的食物。紫红色的绳文酒是以山葡萄、荚蒾、桑葚等果实作为原料酿制而成的，可从中摄取到丰富的花色素苷等抗老化成分，鹿及野猪的肉则内含抗老化的肌肽。依据这几点客观考虑，足以想象绳文人只要不是遭受严重的伤害，正常生活的话，寿命理应很长。

另有研究指出，根据牙齿形质的老化程度进行不同年代的比较后发现，绳文人比江户时代的人健康状态更佳。主张绳文人平均寿命在30岁左右的学说最多，但是果真如此吗？的确，我们可以想象得到绳文人的幼儿死亡率高，因此根据平均寿命计算得出的结果，绳文人常会被定论为寿命不长。不过从饮食习惯来判断的话，在成长过程中免疫力较强的成人，不但健康状态佳，而且也能相当长寿才对。

即便年纪大了，男性的肌肉及大脑机能也都还能保持活力。中国历史作品《魏志·倭人传》中便记载，继绳文时代之后于弥生时代登场的倭人相当长寿，而绝大多数的倭人皆为绳文人。参阅日本历史乐会著《你学过的历史知识落伍了！变动的日本史》（あなたの歴史認識はもう古い！変わる日本史）一书，圣玛丽安娜医科大学副教授长冈朋人先生的研究也指出，根据岩手县及千叶县遗迹所出土的绳文人骨骸调查发现，其中有超过32.5%的人，年龄都超过56岁。

老渔夫的故事

在某个海边的绳文村，住着一位精通捕鱼的老人。他最拿手的就是用鱼叉捕鱼，经常如愿捕获到鲔鱼，因此老人声名远播，连邻村都知晓此人。他的风姿更使他成为年轻姑娘也争相献媚的老人。有一天发生了一件事。他带着惯用的鱼叉，一个人划着独木舟，熟练地乘风破浪出海捕鱼。完全就像海明威笔下《老人与海》中的圣地亚哥一样，是个充满冒险精神的老人。圣地亚哥当时捕到了巨大旗鱼，打算回港时却遭受到凶猛鲨鱼的袭击，结果只剩下旗鱼骨头，鱼肉全遭啃食殆尽了。

所幸绳文村的老渔夫运气好，即刻展现出不输年轻人的肌肉爆发力，瞄准瞬间浮现的鲔鱼，掷出了鱼叉。他的瞬间爆发力以及肌肉力量，可见都还正值高峰。一回到港口，满心担忧老渔夫的安危，待在海边徘徊的友人们，无不哇的一声群起跑向独木舟。那天夜里满月高挂，群聚在广场上的村民们，歌舞作乐为他庆祝。解体后的鲔鱼，被料理成满满一大盘刺身、烧烤、火锅等菜色，直到天亮前才被吃个精光只剩鱼骨。珍藏的绳文葡萄酒也被端上桌来，男男女女无不酩酊大醉。绳文人和现代日本人一样，最爱吃脂肪含量多的鲔鱼了！

老实说，不论是野猪、鹿还是兔子，身上都存在着美味的脂肪。尤其在严寒时期，野味（野生鸟兽的肉）的脂肪层都会增厚，煮来吃或烤来吃总是入口即化，极其美味。最近，日本掀起吃野猪及鹿等野味的风潮，可见现代人对于这等美味的基因也觉醒了。绳文人深知肥美鲔鱼的美味不逊于野味，所以男性即便冒险，也要乘着独木舟出海去。鲔鱼腹部的肉,富含人体所需的营养成分,比方像是必需脂肪酸DHA(二十二碳六烯酸)及EPA(二十碳五烯酸)等,这些成分可改善记忆力与提升创造力,还具有强健心脏以及净化血液等效果。

绳文人的幸福激素

观察仿佛熊熊燃烧着的火焰形状的火焰土器,以及充满灵性且怪诞的土偶等丰富造型,可见大自然原始的果实能量,还有鱼类和兽肉等肉食的生命力,经由绳文人的身体过滤之后,迸发出所谓的“绳文力”。

不管是被山包围还是被海环绕,绳文人生活在满怀再生能力的大自然之中,其实一点压力也没有。他们的日常生活足以让身体分泌出大量的血清素,也就是幸福激素。血清素的原料,为鱼类富含的必需脂肪酸、色氨酸。爱吃鱼的绳文人,还会长期摄取富含血清素的食材,而且绿意盎然的森林还能令人感到安心,想必在食材与环境的相辅相成之下,绳文人可满心安乐地享受眼前的人生。

绳文人无法像弥生时代的人一样建造水田,开展大规模农耕活动,并不是因为绳文人不具备农耕技术,而是因为他们光靠大自然的恩惠,便足以维持令人满意的饮食生活。所以绳文时代,才能持续长达一万年的光景。从与大自然共存,保护生活环境,维持舒适生活看来,绳文人比起我们这些现代人,似乎更有智慧。绳文中期以后,绳文人的骨骼比现代人更为粗壮结实,可见他们具备营养均衡的饮食习惯,其中也会充分摄取钙质及胶原蛋白,并且在日常生活中还会经常活动身体。

全身是宝的鲑鱼

相较于植物来源的食物，动物来源的食物大多难以保存，不过鲑鱼却可以大量捕获，而且也容易保存。即便在现代，一年到头都买得到腌鲑鱼，而且市面上不但有卖鲑鱼干货的，也有卖熏制好的鲑鱼制品的。位于东京都秋留野市多摩川支流，秋川段丘上所形成的、一万多年前的绳文草创期的住居遗迹，就有鲑鱼及鳟鱼的牙齿及骨片出土。时代变迁后，在富山县及石川县等地的绳文遗迹，也有鲑鱼及鳟鱼的牙齿及骨片出土，出土数量最多的是在东北地区及北海道。比如北海道知内町温泉的汤之里遗迹群，曾发现90%的出土骨骸来自鲑鱼，甚至还因此推断出居住于此的绳文人是以鲑鱼为主食之论点。通过长野县坂城町遗迹出土的人骨内含氮同位素的比例发现，推测出此处虽位于内陆地区，但是附近有千曲川流经，因此居住于此的绳文人应当是以逆流而上的鲑鱼作为主食的。另一有力学说表示，相较于西日本，东日本的绳文文化较为发达的原因，在于东日本的绳文人可捕获大量鲑鱼并加以保存，才使得社会富饶无虞。

鲑鱼的鱼肉看起来虽为红色，但实际却是白身鱼。鲑鱼由于长期在海中以捕捉磷虾及虾子等为食，这些红色素囤积于体内，使鱼肉呈现红色。这些色素成分其实就是花色素苷，在预防人体老化及失智症方面的效果相当可期。鲑鱼从头到尾全是宝，甚至于鱼尾、鱼鳍、鱼背骨等各个部位皆独具特色风味。绳文人应该和现代人一样，都会将整条鲑鱼从头到尾吃个精光，因此鲑鱼的骨骸才会难以保留下来形成化石。鲑鱼各个部位的食用方式如下所述。

鱼头

对食客来说，鲑鱼头最宝贵的部位就是头部软骨，这个部分属于鼻软骨，因为像冰块一样通透，所以日文汉字才会写作“冰头”。食用时会切成薄片用醋腌渍，再与白萝卜泥一同凉拌，脆脆的口感正是它的独特之处，常在过年或喜宴餐桌上出现。诸如北海道、青森、岩手、山形、宫城、福岛、新潟等鲑鱼渔获量多的地方，自古鲑鱼头便是这些地方的乡土料理。人们食用腌鲑鱼头时，通常会将头部剖成两半再烤来吃，能够品尝到脂质融合咸味的单纯美味。

鱼皮

绳文人认为食用鲑鱼切片后将鱼皮丢弃，是件很不可思议的事情，因为这样就浪费了美味的鱼皮部位。尤其腌渍的鲑鱼皮更是难得的美味，甚至有句话形容“鲑鱼皮好比一反布”。“一反”为布等织物的长度单位，意指足以制作一件成人和服的长度。因此绳文人将鲑鱼肉吃完后，会再将鱼皮烤得酥酥脆脆，吃起来相当可口。而且鱼皮含有大量胶原蛋白，可使肌肤保持弹性。

鱼卵

鲑鱼卵自古便颇受欢迎。将鲑鱼卵直接包在卵巢膜里，以盐腌渍而成的成品就是“生筋子”，想必绳文人也是依照这种方式加以保存鲑鱼卵的。将生筋子揉散成颗粒状后，日文便叫作“IKURA”（イクラ），即为俄罗斯语的“鱼卵”。红色的生筋子富含花青素，花青素有防止组织老化的功效，因此备受关注。

白子

此为雄鲑鱼的精巢，含大量脂肪成分，味道浓郁，可用于火锅等料理。白子内含许多补充体力的成分，推测绳文人也会将白子炖煮后再行食用。

鱼鳍

腌鲑鱼的鱼鳍格外美味，人们会将尾鳍烤至色泽金黄后再享用，那酥脆的口感令人垂涎。如果取部分腌鲑鱼鳍置于碗中，再倒入温酒饮用的话，腌鲑鱼鳍的醇厚风味会被释放出来，使酒变得更为温润。

鱼背骨

腌鲑鱼的鱼背骨被再次烤制后，就会完全像鱼骨仙贝一样酥香四溢。依照鳍酒的方式料理，也十分美味。而且除了钙质之外，鱼背骨还富含维生素D，想必对打造绳文人强健的骨骼一定十分有帮助。

鱼碎肉

将鲑鱼片掉鱼肉之后，剩下来的鱼背骨、鱼鳍、鱼头等部位的鱼碎肉，全部汇集起来，也可以做成美味的料理。在盛产鲑鱼的东北地区有一道称作“DONGARA”（どんがら）的冬季知名料理，就是以鱼碎肉为主角的。DONGARA也可用鳕鱼碎肉制作，不过鲑鱼的鱼背骨及鱼头更容易熬制出美味的高汤。在大雪纷飞的夜里，熬煮一锅能让身体由内而外暖和起来的汤品，简直是最幸福的事了。

了解米饭美味的绳文人

年节料理为何会有里芋？

在自古流传至今的节日习俗及祭典当中，将许多古代的饮食习惯，或是当时格外重视且不可或缺的食材，代代流传了下来。被传承下来且与节日习俗息息相关的传统食材有很多，里芋（或称“日本小芋头”）就是其中之一。里芋并不是生于原野的“山芋”，而是指在一般人家附近栽种的芋头。里芋的主要成分是被当作热量来源的淀粉物质，黏性强的物质则为名叫“黏蛋白”的成分。再加上在水田里也能栽种芋头，所以也称作“田芋”。在平安时代的汉和辞典《和名抄》中，这样解释“里芋”，“以闭都以毛，叶似荷，其根可食之”，意思就是，根部可食用，叶子类似荷叶。

里芋为天南星科的代表性植物；原产于亚洲的热带，推测是在绳文时代中期引进日本的，比引进稻米的时间更早，但由于水分含量多的薯类会被完全分解，所以很难自遗迹中找到相关的出土文物。

即便到了现代，仍会在农耕仪式中最重要的节日——春节的年菜杂煮中加入里芋，这也是年节菜肴中不可缺少的菜色之一。而在德岛县祖谷地区自古流传下来的杂煮，仅加入里芋及豆腐，并没有年糕。单用里芋没加年糕来烹调杂煮的地区，目前只剩下群马县及岐阜县等地区，而上述这些地区在过去都是水耕栽培有困难的地方。

除了过年之外，旧历八月十五日所举行的芋名月（赏月）习俗，似乎也是从古时候流传下来的。这个全国性的节日，是为了感谢里芋在稻米传进日本之前，一直肩负起主食的重责大任。

亲芋、子芋、孙芋

传说，满月被视为农神的象征，此时会供奉秋天的代表性农作物，也就是里芋。这一天，挖出的第一颗里芋也被称作"芋之子诞生"。接着，人们会在方案上将里芋堆得高高的，以感谢农神的庇佑。据说，在美拉尼西亚及印度尼西亚等地将芋头称作"UB"，但是传入日本后变成"UMO"，尔后才演变成"IMO"（いも）（译注："芋头"在日语里发I音）。

奈良时代的《丰后国风土记》载："その鳥を見しむるに、鳥、餅となり、片時がほどに、また、芋草数千もと株となりき。"后续还写道："うなで、これを見て怪しと思ひ、よろこびて云ひしく、化生りし芋は、いまだ昔より見しことあらず。まことに恵ぐみの感、天地のしるしなり。"意思是说，鸟变成了年糕，又变身成芋头。诸如此类的变化，从来不曾见过，肯定是即将发生喜事的前兆。

里芋是仅次于白米等五谷之后的重要粮食，可看出潜藏于其中的精神象征，"亲芋""子芋""孙芋"等此类称呼，说明芋头具有卓越的繁殖力。有年糕已经是很欢喜的事了，没想到这些年糕还会变身成芋头，宇奈（人名）眼见此瑞兆甚感欢喜。芋头卓越的繁殖力,似乎也可看作是子孙繁荣的好预兆。

时常降雨的亚洲季风气候

绳文时代晚期(3000年前至2400年前)之后,日本的气候出现变动,气温下降,导致难以确保必需的食材分量。

此时,绳文人口也开始减少,原因便出在栗子及橡子等食材的采收量减少上。光靠大自然的恩惠,使得维持生活开始变得困难重重。气候不佳的情况再三出现,有些人也预感到,光靠大自然的生产力是一件十分危险的事。于是,某些绳文人开始小规模种植荞麦、五谷、大豆、红豆、荏胡麻等农作物。考古学家甚至发现在东北地区的三内丸山遗迹有栽种栗子的可能性,可见绳文人已经学会如何动手创造食材原料了。

绳文时代结束之际,异常气候频频发生。但在此时,九州岛北部某一地区人们开始种起了水稻,过去前所未见的社会群体也登场了。这群人是从中国长江下游及朝鲜半岛南部渡海而来,同时还带来创新的水稻栽培技术以及金属工具。有些人来过日本数次,确定日本的风土气候适合稻作,于是组成规模庞大的团体来到日本。

因此,很容易想象得到,周边的绳文人在耳濡目染之下,渐渐地有愈来愈多的人开始着手稻作的种植。绳文时代晚期的水田遗迹,在福冈市的板付遗迹,以及佐贺县唐津市的菜畑遗迹等处都有发现。

稻作的起源,推测是来自中国长江中游至下游这部分的流域,住在这里的一群人,顺着长江而下出海后,来到日本。长江地区、朝鲜地区的人和友善的绳文人同化后，进而发展出饮食文化的新时代。

由于日本受到亚洲季风影响，降雨量多，河川发达，因而在各地形成适合稻作的低海拔湿地，如此理想的地形条件，是稳定发展水稻种植业的基础。

稻穗结实累累的国家

稻米最早以陆稻方式栽种，和荞麦、稗子一样，自远古之前便可以人工种植，虽然是五谷杂粮的一种，但并未受到重视。在自然产出的食物资源越来越少的情况下，水田稻作的出现很有必要，于是愈来愈多的绳文人着手农耕。

诚如《日本书纪》所言，日本这个国家为“丰苇原瑞穗国”，有许多生长芦苇的湿地，稻穗结实累累。由于绳文人已有能力建造水田，因此稻作可每年连作，每单位面积的人口扶养力极佳。米饭属于高热量、高营养的食物，美味又吃不腻，而且还很耐饥。稻米这种优质谷物，只要用心照料即可提高生产量，因此稻作促使日本人成为愈发勤奋的民族。

绳文时代末期的日本人，从渡海而来的大陆地区人民身上习得稻米的耕种方法与食用方式后，再设法改进成迎合绳文人的生活模式。虽然绳文人开始从事稻作，但是一万年来代代承继的绳文文化，也没那么轻易被消灭。即便到了住在竖穴式住居，拥有制作独木舟技术的弥生时代，绳文文化依旧被传承着。此时的日本人开始懂得吃树木的果实，也有了储存果实的储藏穴。

采集、狩猎的生活仍旧延续着，此外也频繁地出海捕鱼、采贝，将其用来作为搭配米饭的副食。绳文文化与弥生文化共存着,且持续了数百年。直到21世纪的今天,诸如果实去涩方式以及鱼类食用方法等,皆被传承下来,这些古法制作的食物成为各地的乡土美食。

第　二　章

弥生、古坟时代的饮食

やよい・こふんじだいのしょく

绳文人孕育了弥生文化

从稻作智慧发展出“和文化”

全世界独树一帜的“和文化”，几乎是稻作孕育而成的。稻米除了身为主食的重要角色之外，更与日本人敏锐的感性、表现力、习惯、节日活动，乃至联系情感的人际关系息息相关。日本人的勤奋、重情义、面带笑容等优点，全是在稻作文化中自然培养出来的。弥生时代，稻米栽种遍及全国，以米饭为主食，首次掀起主食革命的时代，也可称作“碳水化合物革命”的时代。

纵使绳文时代同样是以碳水化合物作为主食，但当时的主食是以栗子及橡子这类坚果类为主，日后才演变成以“米饭”为主食。由现代日本人的主食为米饭这点便可得知，米饭这种碳水化合物实在很适合日本民族的体质、嗜好及健康。

距今2500年至2400年前，在绳文时代结束之际，懂得稻作技术，以种植稻米谋生的人才从大陆地区渡海而来。绳文人与这些大陆地区的人们相处和睦，同时学会了这群人所引进的稻作技术，并融入日本的风土习惯。

研究发现一个潜在的因素，绳文时代后期气候逐渐寒冷化，导致树木果实的产量锐减，绳文人因而无法再像过去一样，单靠树木果实供给满足饮食需求。于是,绳文人与带着创新粮食生产技术渡海而来的人相处融洽并同化后,才逐渐进化成新时代的主角——弥生人。

绳文时代末期,稻作的方法流传至北九州岛后,约莫历经了100年,本州岛北部的青森才开始种植稻米。绳文人对新事物的吸收力及理解力极为优异,如此旺盛的好奇心,可以说是日本发展力的能量。

日本列岛土地多适合稻作

建造水田及掘凿水路需要高超的技术,不过弥生人却逐一解决了这些问题,陆续开创了壮观的水田。他们使用木锹或木锄等工具耕田,整顿水利加以引水,还在秧田种植秧苗,甚至有发现表明他们已经懂得了插秧技术。

弥生时代的水田经营方式,基本上与现代没什么差别,完成度极高。当然,当时并没有化学肥料,也没有杀虫剂,但从这点可以看出,维持弥生人健康且长寿的法门,就在于弥生人高超的稻米种植技术。

正如同"丰苇原瑞穗国"这个称号一般,日本虽有许多低海拔湿地,但是这样的土地资源对绳文人并没有多大帮助,而弥生人则着眼于这些低海拔湿地。弥生人发现低海拔湿地十分适合稻作,于是着手开垦,将其改良成水田。因此,弥生人既可依照过去的方式,从原野、大海、河川取得绳文时代的食物,又能由低海拔湿地建造而成的水田,收获现代日本人的主食稻米。而且还能像过去一样,从海洋中捕获鱼类及贝类,更能猎捕野猪、鹿、雉鸡、鸭子,采收草莓、葡萄、山芋等绳文人常吃的食材。虽然这些都是属于主食之外的副食，但此时再加上弥生人的主食米饭后，“和食”便成型了。也就是说，和食的“三菜一汤”，就是融合了绳文的饮食文化与弥生的饮食文化而形成的。米饭的味道香甜令人吃不腻，而且味道又清淡，所以与各种副食都搭配得来。不管是鱼还是肉，甚至于豆制品、蔬菜都很相配，就连和海藻也十分对味。绳文人体验过多彩多姿的绳文饮食，最终选择了米饭作为主食，借此才又往上进阶成了弥生人。

壶、瓮、高脚盘的三角组合

弥生人的生活自从以农耕为重心之后，就连日常中不可或缺的土器，也不再像绳文时代一样充满各式各样的装饰，而是逐渐变化成重视功能性的简朴土器。这种土器名为“弥生土器”，是一种造型单纯带着泛红色调的美丽土器。

考量到不同时代的饮食习惯，土器的造型其实非常重要。绳文时代，土器基本上会同时备有深钵及浅钵两种：深钵用来炊煮，若以现代人的习惯来举例的话，即等同于锅子；浅钵则用来盛装食物，是类似大盘子的食器。

到了以米为主食的弥生时代后，土器造型则变成壶、瓮、高脚盘的三角组合。壶用来储藏谷物等食材；瓮为炊煮用的土器，相当于绳文时代的深钵；高脚盘从遗迹中被发现的数量众多，由此可推测这是每个人吃东西时用来盛装食物的食器。

在记述邪马台国及女王卑弥呼相关内容的《魏志·倭人传》一书中，也曾提道：“食飲には籩豆を用い手食す。”“籩豆”即指高脚

盘，弥生人会将餐点盛装于这种高脚盘中，再用指尖抓取食物送进嘴里食用。

弥生人用瓮煮米饭，再用高脚盘盛装，然后以手抓食。由于汤汁多的粥状米饭无法用手抓食，所以才会煮成偏硬的米饭。在平安时代之前的米饭盛装方式，一般都习惯将米饭堆得高高的再吃。而米粒软圆且米质黏性强的粳米，正适合将米饭堆高，所以弥生人一直都是食用粳米的。弥生人在料理粳米时通常会花时间让米粒充分吸收水分后，再加入少量的水炊煮，如此一来就会像强饭（硬饭的起源）一样，变成较硬的米饭了。

在古代遗迹中，也有许多带焦痕的弥生土器出土，可见弥生人在煮饭的水量加减方面十足伤神。米饭如何煮得好吃，取决于米粒当中75%左右的碳水化合物该如何妥善加以糖化。米粒的糖化取决于泡水的时间以及水量的多少，聪明的弥生人似乎十分了解这套运作机制。

米饭能供日常食用，就意味着稻米收获后会被储藏起来。弥生人收割稻米时，会手持石丁，也就是用来采收稻穗的贝类，依序将结穗的稻子割下来。而铁制的镰刀一直到了弥生时代后期，才普及开来。收割下来的稻穗，经日晒后会储藏于高架仓库中。用来支撑高架的柱子，会安装圆形或方形的板子，用来防止老鼠爬上仓库，称作“防鼠板”。稻穗会视需求，从仓库中取出，以木臼及杵脱谷精制成白米。

吃米保留米糠的弥生人

在历史书等书中，有张知名图片是两个弥生人站在木臼旁，使用杵为稻米脱谷，稻米就是利用这样的手法精制成白米的。虽说是精制成白米，但是并非如同现代这样的纯白白米，推测他们应是捣到三分程度便食用了。在脱谷这道工序中，很难单纯将稻皮去除掉，就算要精制成白米，照理说还是会保留大部分糙米的米糠。就算可以完全捣成糙米，用土器加热得花费很长一段时间，以致炊煮米饭成为难事。

残留米糠食用的话，米饭的甜味会提升，风味较佳，而且可摄取到与糙米一样的营养，所以营养价值更高，是相当理想的主食。米饭的热量高，蛋白质相对较多，维生素及矿物质的含量也多。米饭就是如此优质的食物，即便单吃，也能摄取到大部分必需的营养成分。

种植稻米的水田引入大量水后即可自然循环，从山上流下穿过树林而来的水，内含丰富的有机物及矿物质，带有浮游生物、昆虫及鱼类。小鱼吃浮游生物及昆虫，大鱼吃小鱼，然后鱼群的粪便及尸体又会被微生物分解，形成天然的肥料回归泥土当中。相较于需要大量肥料的旱田，水田本身的肥力就很足。年降雨量丰沛的日本，最理想的栽种系统即为水田，为了确保粮食产量稳定，稻米便是最合适的作物。稻米的优点还有使用肥料少，而且还能连作。最重要的是，一颗稻谷的种子在收获期可以倍增成一千颗稻米。稻作每年都能带来高达一千倍的恩泽，实为优秀的谷物。

倭人的生食习惯造就了刺身文化

吃饭配菜的时代

进入弥生时代之后，整个社会转变成以米食为主，首次出现了“主食”的概念。于是，衍生出“吃饭配菜”的饮食形态。弥生人利用瓮炊煮米饭，再用高脚盘盛装米饭来吃。这种高脚盘作为一人份的食器，通常摆放在每个人的面前使用。

副食，也就是所谓的配菜，包括鱼类、贝类、鸟兽肉类、蕈菇类、山菜、海藻等，种类多样。弥生人的调味料会使用自绳文时代传承下来的鱼酱，也证实有味噌、酱油的前身豆酱或酢等等。而酢可由果实酿造得来，也能由酒制作得来，得来轻而易举。

从弥生时代的遗迹里挖掘出来的动物及植物等数量众多，列举如下[《弥生人的四季》(弥生人の四季)奈良县立橿原考古学研究所附属博物馆编]。

食用植物方面，弥生时代遗迹中出土的具有代表性的有稻子、大麦、小麦、稗子、小米、荞麦、大豆、红豆、豌豆、蚕豆、南瓜、甜瓜、葫芦、西瓜等，还有桃子、梅子、柿子等水果。其他还检验出来有少量的葫芦花、土圞儿、梨子、李子、杏桃、茅、杨梅、锥栗属、黑莓、胡颓子等。出土文物中也曾发现橡子、栗子及核桃，由此可知，就算已经以米为主食了，绳文时代的热量来源仍持续被食用。

弥生时代遗迹出土的兽骨中数量较多的除了野猪之外，还有狗、狸、狼、獾、亚洲黑熊、白颊鼯鼠、猿猴、海豚、鲸鱼、水獭、牛、马等的兽骨。在《魏志·倭人传》中虽然没有记载牛和马，但实际上弥生时代的遗迹中不但有牛的兽骨，还有马的兽骨。

弥生时代遗迹出土的鱼类，除了条石鲷、黑棘鲷、真鲷、鲔鱼、鲈鱼、鲫鱼、虾虎鱼、鲻鱼、隆头鱼、珠星三块鱼、鳢鱼、三线矶鲈、燕魟目、鲨鱼、海鳗等，还曾出土过鲤鱼、鲫鱼、鳗鱼等淡水鱼。

弥生时代遗迹中据说有鸡、雉鸡、鹭鸶、绿头鸭、鹤、朱鹭、大水薙鸟、短尾信天翁、乌鸦等鸟类的骨骸出土。

弥生时代遗迹中出土的贝类也很多，包含各地出产的蚬、文蛤、花蛤、四角蛤蜊、泥蚶、长牡蛎、鲍鱼、角蝾螺、石田螺、大田螺、长田螺、红皱岩螺、多型海蜷、丝绸壳菜蛤、日本凤螺等。

“生菜”与日本人对刺身的偏好

观察弥生遗迹的出土物即可明了，食鱼文化自绳文时代开始便十分盛行。弥生人是如何食用鱼类的呢？目前已知除了会用烧烤、炖煮、日晒、盐渍、熏制等方式烹调后食用，还会生食鱼肉。《魏志·倭人传》中所记载的“倭地温暖冬夏食生菜”便可证实，这句话的意思是倭国气候温暖，无论冬天还是夏天他们都会食用生菜，可知“生菜”为弥生式饮食文化的特色。

虽然现在所谓的“菜”指的是蔬菜，但毕竟这是古代中国史官笔下的记录，因此可以合理推测这里的“菜”也有副食之意。也就是说，生菜为生的副食，即后文中所指的刺身。中国除了局部临海地区之外，一般不太会食用生鱼。正因为如此，《魏志·倭人传》才会特别记录下来，以反映奇风异俗。像这样的生食文化，可视为始自绳文时代的风俗习惯，久而久之，刺身成为和食文化的最大特色，就结果论而言，《魏志·倭人传》似乎甚早便看透和食会有如此的发展倾向。

习惯生吃鱼类的日本人，似乎在外国人眼中尤为奇异。16世纪来到日本的葡萄牙人佛洛伊斯（1532—1597年），便在《日本觉书》中提及食鱼文化的差异，书中写道："欧洲人爱吃烤熟或煮熟的鱼，日本人却更爱生吃。"可见他对日本人生食鱼肉颇为讶异。

鱼的生食与香辛料

鱼的生食一定要搭配调味料或香辛料，《魏志·倭人传》中虽然写道："有姜、橘、椒、蘘荷，不知以为滋味。"不过这应该是中国史官的误解。"姜"为生姜，"橘"为橘子，"椒"为山椒，"蘘荷"即为蘘荷，这些全都属于调味料。

生姜为原产自亚洲热带地区的多年生植物，在弥生时代初期之前就已被带入日本栽培，由于其可作为香辛料或药物，利用率佳，所以才会在部落周围种植这种外来作物。生姜的辣味清爽，似乎也有助于提高弥生人的食欲。辣味的主要成分为姜酮，具有强力的杀菌作用，在生食的安全性方面理应有所帮助。

橘子的野生品种生长在邻近温带海洋的山林里，果实为直径在3厘米左右的球形，酸味强烈。橘子是当时日本唯一的柑橘类水果，京都御所的右近橘更是远近驰名。有一说是在垂仁天皇时代，由田道间守从常世国带回了橘子的种子，甚至相传此为橘子的原种。

山椒为芸香科树木，日文古名称作“HAZIKAMI”（はじかみ）。山椒的果实在日本各地的绳文遗迹中都有出土，自数千年前即为料理用的调味料，也会被用来当作药物。野生品种常见于山地、树荫等处，每年九月左右果实便会成熟。未成熟的果实为青山椒；成熟的果实为山椒，用于佃煮或腌渍物中。山椒的辣味成分为α-Sanshool，具有麻痹作用。

蘘荷为姜科多年生植物，原产于亚洲东部温带地区，在日本从北海道至冲绳皆有种植。平安时代的汉和辞典《和名抄》中记载：“和名为米加。”当时，蘘荷被用于制作腌渍物及拌菜。通常食用蘘荷的花蕾及软化的嫩茎部位。即便在现代，也会用蘘荷来作为刺身的配菜，想必弥生人也是用相同的方式享用着。蘘荷具有独特的香气及辣味，与刺身十分对味，而香气的主要成分为Cineol（桉树酚）。

除此之外，推测其他可作为生鱼肉的调味料及配菜的还有野生的辛香蔬菜，如山葵、土当归、水芹、鸭儿芹、蓼等。

抵御外敌、守护稻田

借由稻作在日本全国普及，主要的农作物稻米使弥生人的饮食生活更为充实了。弥生人与绳文人一样，会将鸟兽的肉，以及鱼类、贝类大量盛装于食器上。他们也会种植大豆及牛蒡，还会吃山菜、蕈菇类、海藻、水果。就营养层面而言，弥生人的饮食摄取均衡，可见其健康状况应该十分好。稻作物不同于一般的旱田作物，可以连作，是收获量稳定的作物。米饭的烹调方式简单，味道也不错，再加上与任何一种副食都能搭配，口感极具弹性，又便于储藏，因此还可以作为财产囤积。

随着生产稻米的水田不断扩张，水资源的利用以及土地的问题引发层出不穷的纷争。弥生人开始积累稻米作为财产，为了抵御外敌，懂得挖掘沟渠将村落环绕起来，坚固防卫。这一点与以采集生活为主的平和绳文人大相径庭。正统水田耕作的普及，除了使生活稳定之外，也将战争带进了日本列岛。环绕村落四周用于征战的沟渠，在弥生时代中期至后期这段时期，更大范围地出现在九州岛至关东地区。

在弥生时代中后期，佐贺县的吉野里遗迹可谓是巨大防卫沟渠国，由于各地战争愈演愈烈，他们甚至在沟渠旁建造了瞭望台。

长寿的卑弥呼

《魏志·倭人传》(《三国志》魏书东夷传“倭人”条)中记载：“其国(邪马台国)本亦以男子为王，住七八十年。倭国乱，相攻伐歷年，乃共立一女子为王，名曰卑弥呼。”邪马台国的女王卑弥呼就此登场。当时，日本分裂成大大小小百余个国家，邪马台国实力强的人受到推举，因此卑弥呼坐上了邪马台国的王座。卑弥呼不但受到人民推崇且统治能力强，因此邪马台国与其周边国家之间，维持了很长一段时间的和平。

身为中国史官的陈寿(233—297年)，于《魏志·倭人传》中使用了大约2000字，详细记录倭国的政治状态、植物类别、风俗民情、农产品、水产、饮食习惯、人民寿命等。这是论述弥生时代的日本的极为宝贵的资料，而邪马台国卑弥呼的时代，则属于弥生时代后期。

卑弥呼为邪马台国的女王，同时也是周边的联合国之王。另外，她还是主持祭祀及祭典等活动的巫女，当时因为她具有高度的预言能力而备受信任。卑弥呼以及在她之前的男性国王，似乎都受惠于良好的饮食习惯而十分长寿。《魏志·倭人传》便曾针对前任国王写道，其在位“七八十年”。假设20岁前后即位的话，推估其可能活到了90岁至100岁左右。书中也有关于卑弥呼的记载：“年已长大、无夫婿。”推测她是在180年左右被推举为女王，去世时间是在247年至248年之间。她是在17岁时就任成为女王的，死亡时应是80多岁。卑弥呼也是巫女，可占卜农作物之丰凶或战争之胜败，举行祭典时，会以青铜镜做装饰，在祭坛上供奉山珍、海味、米、酒及其他农作物等。

献给赐予长寿之神的供品

卑弥呼所统治的邪马台国，究竟位于何处呢？关于邪马台国的所在地众说纷纭，不过最可信的地点是位于奈良县樱井市的缠向遗迹，因为此处的出土文物汇集了大量用于祭典的供品，约有十几种鱼类、动物的骨骸，以及70种植物的种子等。

在出土的骨骸中，鱼类有鲷鱼、青花鱼、沙丁鱼及淡水里的鲤鱼，动物有野猪（也包含一般的猪）、鹿等，禽类有5种。但出土的骨骸中80%以上为鱼类骸骨。在出土的植物当中，推估经人工种植的有稻米和小米等谷物。此外，还有瓜、桃子、葫芦、麻、荏胡麻、紫苏等，超过十几种。其他还有栗子、杨梅、桑葚、草莓、软枣猕猴桃、葛枣猕猴桃、胡颓子、葡萄、山椒等。这些都是用于祭祀神明的供物，被视为神道祭典样式的起源。能够汇集如此大量的出土文物，证明缠向遗迹曾经存在位高权重的人物。依据这一点，才会推测这个国王就是卑弥呼，而此地即为邪马台国。

《魏志·倭人传》记载着“女王之所都”的人口为“可七万余户”，如将“七万余户”解释成最大规模的话，邪马台国即为日本规模最大的大国。缠向这里也有许多古坟，建造这些古坟的势力，推估应为下一个时代，也就是大和政权的起源。

在同一遗迹处，也有西至九州岛、东至关东地区等全国各地的土器出土。这些土器相当于锅釜，为民生必需品。当其他地方的弥生人为了交易等目的来到此处时，就会从自己的国家将土器带过来，毕竟这些土器在旅行时是解决三餐饮食不可或缺的用具。另外还发现了，推究应为女王卑弥呼宫殿的大型建筑物遗迹。能够有如此多样化的供品、食材的巨大建筑物，毫无例外应是3世纪的弥生遗迹。

为了祭祀神明而汇集在一起的食材，都是在各地栽培，或是采收、捕获来的，祭典过后也会当作当地人民的粮食。由此可见，人

桃

人皆可摄取到营养均衡的食物，因此上至卑弥呼，下至当时的普通弥生人，饮食都很健康。在《魏志·倭人传》中，也有关于弥生人长寿的记载："其人寿考（长寿），或百年，或八九十年。其俗国大人皆四五妇、下户或二三妇。"

"寿考"与邪马台国的不老长寿传说

桃子的神力

在缠向遗迹所出土的文物中,被视为用来祭祀神明的食材里,桃子种子的数量最多。桃子自古即被尊为神圣的水果,人们相信它具有不老、长寿及驱赶恶灵的力量。这在探讨卑弥呼时代的祭祀文化方面,也算是宝贵的史料。研究发现,缠向遗迹中光是桃子的种子就有约2700粒,还检出了大量的桃子花粉,由此可证明,在被视为宫殿的大型建筑物旁,还辟有桃树果园。

桃子的强大神力,在《古事记》中也得以展现。伊奘诺尊放不下死去的妻子,追到黄泉国去见她,但是当看到妻子伊奘冉尊时,她已是脓沸虫流,面貌恐怖。伊奘诺尊惊慌而逃,却被死灵军团追赶,就在伊奘诺尊要被抓住之前,他发现了桃子树,他摘下树上的果实扔了过去,死灵立即四处逃散。拯救伊奘诺尊的,正是桃子。人们坚信桃子的神力,之后进而发展出从桃子中诞生的桃太郎赶鬼的传说。这些神话及传说,应该也是受到中国古代民族信仰的影响,将桃子视为蕴藏长生不死力量的神果吧!

卑弥呼即便老态龙钟仍为一国之王,获得邪马台国人民的广泛支持。因为卑弥呼总是祈求各国和平,祈祷国民健康长寿。

出现"寿考"二字的背景

最能表现弥生人特点的文字，就是《魏志·倭人传》中出现的"寿考"二字。《魏志·倭人传》载："其人寿考，或百年，或八九十年。"这里"寿考"意指长命百岁，或长寿、高龄之意。依据语源来探讨的话，"寿"有年龄增长且长命百岁的意思，由此引申出幸运、祝贺之意。"考"也是类似的逻辑，原本是指长寿的老人，为寿命很长的意思。就语源来看的话，"考"接近"老"。因此，这段话的意思就是"这些（当地）人十分长寿，有些达百岁，有的有八九十岁"，说明当时的弥生人十分长寿。

在《后汉书·倭传》中也有类似的记载："多寿考至百余岁者甚众。"这里也出现了"寿考"二字。这句话的意思是说，（日本人）多数都长寿，达到100多岁的人更是不胜枚举。虽然这段文字的可信度仍待商榷，不过现在的日本人是世界上数一数二的长寿民族，像这样的长寿倾向，或许在绳文时代后期就已经萌芽了吧。

如果针对食材种类来探讨为何日本人会长寿的话，可发现日本人食用的许多食材皆富含预防老化的抗氧化成分，诸如山菜、水果、海藻、鱼类、大豆等。另外，还有一点值得留意的是荏胡麻也是富含抗氧化成分的食材之一。

荏胡麻为唇形科植物，与青紫苏为同种，原产地在东南亚。于绳文时期传入日本，人们有时会将其掺杂进橡子面包等食物中，也会用它来增添菜肴风味。荏胡麻具芳香味及鲜甜味，除了直接食用之外，还会种来炼油。总之，荏胡麻的种子含43%以上的优质油脂。有些地方会用日文称荏胡麻为"ZYUUNEN"（ジュウネン），意为十年，相传吃过荏胡麻之后能延长十年的寿命。至今，持续种植荏胡麻的福岛县，还会将荏胡麻制成ジュウネン味噌或ジュウネン御萩。荏胡麻油含有许多对健康极有帮助的α-亚麻酸，具有防止血管老化及活化脑细胞的作用，最近更因其内含成分可用来预防阿尔茨海默病而备受关注。

"菜茹"为味噌汤的起源

《魏志·倭人传》中曾出现"生菜"一词，认为这种食用方式可以使人长寿。另外，在《后汉书·倭传》中还有一个关键名词被提及，那就是"菜茹"。日本因气候温暖，而有"冬夏生菜茹"的习惯。"菜"有副食之意，同时也指蔬菜。"茹"则有食用，或是煮烫的含义在。由于副食荏胡麻并不常被二次烹煮后食用，所以此处的"菜"可视为蔬菜。"菜茹"推测应为蔬菜汤，里头使用了山菜、蕈菇及海藻等食材，而且很有可能加入了鸟及野猪等的肉。调味料则是使用了鱼肉及鱼内脏发酵而成的鱼酱，甚至使用了从中国传来的豆酱也不足为奇。

这些食材当中都富含抗老化作用佳的维生素C及胡萝卜素，因此"菜茹"可以算是倭国以及卑弥呼的长寿之汤了。即便到了现在，一提到和食餐点，饭碗的右边肯定会附上一碗味噌汤，这也奠定了和食的基础。

成套的饭碗及汤碗，这样的搭配方式早在弥生时代就已经出现了。也曾有碗（吃饭用）、小钵（喝汤用），甚至于木匙出土过，看来当时似乎是用汤匙将汤汁送到嘴巴里喝的。另外，出土文物中还有酒杯，酒杯当然不必多做解释，是用来喝酒的。从遗迹中的出土文物便足以联想得到，当时鱼类料理为最受欢迎的下酒菜及副食，这种嗜好与现代的日本人相去无几。

在《魏志·倭人传》中有写道："今倭水人，好沉没捕鱼蛤。"当时盛行潜水捕鱼的方式，新鲜的鱼类以及鲍鱼等贝类，想必都会先行生食品尝原味。唯有潜水捕捉到的渔获，才堪称终极的"生菜"。

日本列岛四季分明，春、夏、秋、冬大约每三个月更迭一次，交替循环。四季各有各的当令食材，这是个每季皆能捕获肥美鱼类、贝类，采集到海藻的福泽深厚之国。正因这些循环不休的季节食材，才造就出倭国人营养均衡的饮食习惯，赢得长寿之美名。

一夫多妻与倭国之酒

关于倭国的风俗民情，《魏志·倭人传》一书中这样记载："其俗国大人皆四五妇、下户或二三妇。"意思是古代日本国内身份崇高之人皆有四五个妻子，有些庶民也有两三个妻子。也就是说，他们实行的是一夫多妻制。在战火连年的时代，男性死亡率高，因此一夫多妻制应为救济寡妇的一种互助体制，有助于形成具共识的小团体。在往后的时代中，除了权力者及特权阶级之外，一般庶民并非一夫多妻，因此一夫多妻为倭国时代的特殊风俗民情。

倭国男性为主要劳动力，具有养育多妻多子的经济能力，此外也很长寿，因此照理说其饮食摄入都是营养均衡的。而且依据《魏志·倭人传》所言："倭人性嗜酒。"令人实在好奇，他们究竟是如何饮酒作乐的呢？这部分在奈良时代的《大隅国风土记(秘史)》中即可看出一点端倪。"在大隅之国(鹿儿岛东部)，会备妥水与米后于村中争相走告，于是男男女女便会赶来，将米咀嚼一番吐进酒器中，接着分头回家。当酒香四溢后，男男女女会再聚集过来品尝这些酒。于是由此命名，称作'口啮酒'。"

这段文章的标题为"酿酒"，也就是"酿造酒精饮品"。想用谷物酿酒，必须分解谷物中的淀粉并使之糖化。在西方会借助麦芽，在东方则会使用曲菌使之糖化，不过还有另外一种原始的方式，就是"口嚼"。人们充分咀嚼谷物，通过唾液使之糖化，因为唾液与曲菌一样，都内含淀粉酶。咀嚼米饭一段时间后米饭会产生甜味，就是因为淀粉酶的缘故，将咀嚼过后的谷物吐到壶等容器中囤积起来，当浮游于空气中的天然酵母一落到壶里头，就会开始冒出泡泡进行发酵，最终会酿出酒来。

过去在世界各地都会酿造口啮酒，广泛传播至诸如太平洋的各个岛国，以及南北美洲大陆等环太平洋的地区，推测日本口啮酒是在绳文时代由南亚人引进的酿酒法制造的。参与口啮这道工序的，据说按惯例几乎都是少女，她们须先净身，用海水漱口后再着手酿酒工作。古时候的酿酒工作，都是由在新尝祭等祭典中，用酒供奉神明的"造酒童女"负责。如同文字所示，也就是专门负责酿酒的童女。

弥生时代的三角握饭

车站前的便利店，摇身一变成为满足现代日本人饮食生活的重要据点，犹如汽车社会中加油站这类补给基地。超商里所贩卖的碳水化合物这类主食，除了米饭之外，还包括面包、意大利面、日本荞麦面；副食品项也是种类齐全又丰富。最令人眼花缭乱的，就属握饭这一区，每一种握饭看起来确实都美味到令人犹豫再三，不知该挑选哪一种才好,有三角形的、圆形的、圆筒形的,还有海苔卷,甚至于烤握饭。

日本人非常爱吃握饭,因为可以用手握着吃,又是由黏性强的蓬莱米所制成,即使冷掉了也很可口,所以也常用来供奉神明。此外,握饭还方便随身携带,因此旅行时也能派上用场。握饭这种米饭的食用方式,实在相当适合作为便利店食品。

据出土文物考证,握饭起源自弥生时代。昭和六十二年(1987年),便曾在石川县鹿西町杉谷茶野畑遗迹的坚穴式住居遗迹中,挖掘出碳化成黑色的握饭。经考证,该握饭距今已有2000多年的历史。当时的握饭外形为等腰三角形,也就是现在三角握饭的原型。底边约5厘米,其他两边约8.5厘米,厚3.5厘米左右。米饭种类为蓬莱米种的圆短米粒,做法是将蒸熟后呈硬饭状态的米饭握实,并且有再次烧烤后的痕迹。推测应是借由烧烤来延长存放时间,以便随身携带,也就是当作所谓的便当。

糯米与赤米

弥生时代的这种握饭,是用甑将饭蒸熟,推测即为所谓的强饭,现在称作"硬饭"。而当时使用的是糯米,黏性优于粳米。糯米的淀粉质,大部分是支链淀粉这种成分在释出黏性物质。由于其黏性强,所以一般多会蒸来吃,并不会煮来吃。相较于糯米,粳米除了支链淀粉之外,还含有20%左右的名为直链淀粉的成分。糯米的产量较粳米少,因此平时多食用粳米,在庆典或祭典等喜庆节日时,或是在捣年糕时,才会用糯米,这点与现代如出一辙。

以出土的三角握饭为例,若要作为平常的便当,制作时会将糯米与粳米混杂在一起蒸熟。因为糯米黏性强，很难用土器炊煮，所以会改用蒸煮的方式烹调。无论如何，三角握饭最终都会被握成细长的三角形，若要用100%的粳米是无法握成这种形状的，所以一定要使用糯米比例高的强饭来制作。

蒸煮握饭用的米时，必须准备底部有开孔的甑，在下方作为支撑，将蒸气送入的土釜中，而且还得有能将土釜中的水煮沸的灶，时间演进到接下来的古坟时代后，甑、土釜、灶这三件套组合便正式登场并普及开来。假使在弥生时代人们已经能够制作出三角形的握饭，在各地的人们便有极高的可能性长期都在使用蒸煮器具。

现在，当遇到举办庆典的喜庆节日时，人们会习惯在糯米中掺入红豆一起蒸熟，制作成赤强饭。为什么要制作赤强饭呢?

弥生时代的糯米饭大多为赤米，经考察发现，这是因为当时的人们习惯使用呈现喜庆色彩的赤米，来作为庆祝稻米收成时献给神明的供品。即便到了现代，有些神社还是会种植赤米，并以赤米作为供品。相较于粳米，赤米的产量少。赤米的产量节节下滑，导致难以大量使用赤米作为供品，但是高度敬祖的日本人每到喜庆节日，还是会特地用红豆烹煮米饭，制成红色的硬饭来代替赤米饭，以缅怀赤米时代。红豆也是历史悠久的豆类，在福井县鸟滨贝冢以及滋贺县琵琶湖粟津贝冢中都有出土，所以赤米、红豆都算是绳文时代早期的食物。

进入奈良时代之后，握饭成为极其日常的食物，在《常陆国风土记》中也曾有“握饭”一词出现。

从邪马台国演变成大和国

弥生时代结束之际,女王卑弥呼统一了纷乱的倭国,接着邪马台国成长成规模更为庞大的国家。一个巨大国家的诞生,不可欠缺粮食及财富的蓄积,邪马台国也是一样,随着耕地面积的扩大,农作物产量也急剧增加,形成支撑一国的宏大实力。

金属器具传入日本之后,人们的生产效率提高了,农作物的收成也改善了。小国在被大国兼并的过程中,不免掀起激烈的战争,难免也会使用到杀伤力极大的金属制武器。

作为邪马台国一国之尊的卑弥呼最终也步向死亡,享高寿90岁左右,约在中国的三国时期魏齐王正始八年(247年),或是来年的正始九年(248年)去世,《魏志·倭人传》一书中记载,当时还建造了宏伟壮观的卑弥呼之墓。

位于奈良县樱井市前方后圆坟的箸墓古坟,号称是古坟时代初期日本规模最大的古坟,更有传说显示,这座箸墓古坟正是卑弥呼长眠之墓,因为这座古坟的建造时期,与卑弥呼没世之年几乎吻合。接着,古坟时代自此展开。

4世纪揭幕后,被称作"大和"的地区逐渐培养出国力,成为日本的中心地带。初期,在三轮山山麓的缠向周边的大片区域,皆称作"大和",也就是现在奈良县樱井市一带。久而久之,整个奈良盆地都被称作"大和",之后进而演变成用来称呼全日本的代名词。"大和"与"邪马台"的日文发音极为相似,可见是由邪马台经发展后形成了"大和"。而古代中国在称呼邪马台时,据说都会发"YAMODO"(译注:同"大和"的日文发音)音。政权在缠向扩张开来发展成“大和”,不久后日本便统一了。而当时的统治者为大王,也就是后来的天皇。

古坟时代的厨房革命

进入古坟时代之后,饮食习惯也兴起了重大变革。此时,自朝鲜半岛传入了须惠器的制法,这是一种使用土窑以1000摄氏度以上高温烧制灰色硬质土器的方法。须惠器一直到平安时代都持续被用来作为日常饮食及祭典用的土器,因为须惠器总是能够满足一般人所需。相对于此,另有承袭弥生土器制法而来的红色土器,被用来作为食器及厨房用具,这类土器则称作“土师器”。

用来将米蒸熟的正统甑,也是在古坟时代之后才登场的,这种须惠器的特征为质地坚硬且呈青灰色,底部有开孔,两侧附把手,取用方便。“甑”一字源自“炊”这个字,用来取代食器的“炊叶”一词也是源于此。“甑”这个称呼,与“蒸笼”一样,现代仍一直沿用着。

古坟时代有一种制作成灶造型的土器。这种土器的使用方式,是将装有水的瓮摆在灶造型的土器上,再搭配上成套的甑。甑里头装有事前吸饱水分的米,接着在灶中燃烧枯枝等易燃物,将米蒸熟。灶造型的土器可四处移动,在野外也能使用,之后慢慢演变成在家中使用的固定式炉灶。

蒸熟的强饭,除了日常食用之外,也会在祭典等特别的日子里烹煮,平时则大多食用由深钵等土器炊煮而成的口感较软的姬饭。强饭即为如今硬饭的起源,如今在节庆等重要的日子里,还是会烹煮硬饭。现在,无论是在超市、便利店,还是百货商场中,一年到头皆会贩卖硬饭,硬饭已经变成了米食的一种,因此一般人对强饭与喜庆节日相关的印象也愈来愈淡薄了。强饭并非用的粳米，就像现在是用糯米制作硬饭一样，古时候应该也是用糯米制作的强饭。

自藤原京至天平美食

5世纪的古坟时代中期，经由外国人陆续引进新技术，其中一项新技术便是须惠器的制法。须惠器这种硬质土器是借由制作陶器用的旋转圆盘制作成形后，再以高温烧制而成。

金属加工技术也加入了新手法，变得更加进步，包括武器、兵器、马具，乃至于农具。过去的石刀在古坟时代消失无踪，并自此使用铁制镰刀。古坟时代中期，人们开始尝试将铁制的刀尖装设在木制锄头或铁锹等农具上。如此一来，这种组合的农具要比单纯木制的农具更轻松地铲进土里，生产效率大幅提升。

这些耕作用的器具，都具有与现代铁锹及锄头相同的功能。仅前端为铁制品的农耕用具一直使用到战前时期，可见当时的农具完成度极高。U字形锄头登场后，在未经开垦的土地及荒地上发挥了开拓的威力，推动当地势力庞大的家族扩张权力。

5世纪后半叶开始，才有重视血缘关系的“氏”出现，久而久之，强固的中央集权体制诞生，而统治国家的位高权重者即为大王。不久后，将大和三山围绕下的土地设为都城，建造了藤原京，但是随着人口增加等因素影响，藤原京变得局促。于是，迁都至距离藤原京约20公里远的奈良盆地北部地区，即为平城京。接下来在贫富差距逐渐扩大的时代，开启了以贵族为主导的天平美食之序幕，这些贵族嗜好牛乳，也会将牛乳加工成名为“酥”的奶制品，放在餐盘上享用。

第　三　章

奈良时代的饮食

ならじだいのしょく

天平美食之幕升起

市场的珍馐美味

和铜三年(710年)迁都至平城京,这里也是奈良时代的皇居及官厅所在地。平城京是参考唐朝首都长安的建都构造建造而成的,京内最繁荣热闹的地方就是市场。市场也是庶民社交的场合,共设有东市及西市两个市场,分别由市司管理。

市场内有80家左右的店铺,除了米之外,当然还有其他诸如谷物、鱼类、海藻、蔬菜、水果、酒及调味料等与食材相关的店家,而食材以外的织物、线、针、食器、兵器,乃至于装饰品等所有生活必需品,也全都能在此自由购买。

古代的市场不仅存在于平城京,也会设置在要地以及人群聚居的地区,交易十分热络兴盛。以平城京为例,不仅政府机构的人会来市场里交易,就连贵族和寺院的僧人也会来到市场买卖物品,或是交换其他必需品。市场上人山人海,其中应该也会出现从诸国上京的人,或是从事技艺性工作的人。

市场里都贩卖哪些商品呢?从《古事记》《日本书纪》《风土记》《万叶集》,以及当时的木简(货签)等资料中的数据推测,售卖商品大多是耐放的加工食品,以纳贡给政府的物品居多,为日本各地税金的一种,列举如下。

长鲍鱼 将生鲍鱼全部切成细长的薄片后加以干燥制成,是外形统一的加工食品。为后世“熨斗鲍”的原型,属于供奉神明不可或缺的供品之一。不但方便保存,且风味甚佳,一般人很爱将其当作下酒菜。

鲨鱼楚割 “楚割”是指将切成细长状的鱼肉晒成咸鱼干。鲨鱼楚割就是将鲨鱼肉切成细细长长的,再用盐腌渍并经过日晒的加工食品。

鹿脯 “脯”正如同《和名抄》一书所记述的“干肉也”,意指焙干制成的肉类,鹿脯即为鹿肉的肉干。

鲑鮨 即鲑鱼寿司,这里的鮨指的是熟寿司。就是将鱼肉腌渍于米饭之间,再加入乳酸发酵熟成的寿司,另外还有鲫鱼寿司。

文蛤 如从地方运送进京内的纳贡品,理当为文蛤的干货。

鲷春鮨 将鲷鱼的肉片捣碎后,腌渍在米饭当中的制品,腌渍会引发乳酸发酵,使鱼肉变得酸酸甜甜的。与其说是寿司,不如说是更接近盐辛这类的渍物。

盐辛 将新鲜的鱼类、贝类连同内脏切碎,再以盐腌渍发酵制成。有时,也会使用兽肉或鸟肉,若是以鹿肉或兔肉等肉类制成的,则称作“肉酱”,鱼肉制的称作“鱼酱”。

鹿脍 “脍”指生酢,是将生肉切成小块后,浸泡在酢当中所制成的食物。有一说是由“生肉”演变而来。人们不仅会使用兽肉或鱼贝类来制作生酢,有时也会使用山菜及蔬菜来制作。

鲣鱼煎汁 这是熬煮鲣鱼干所制成的卤汁,为液态的鲣鱼干,属于调味料的一种,为当时备受欢迎的食材之一。平城京人食用鲣鱼的习惯历史悠久,一般都会从沿海诸国运送至平城京,不过在耐储存的鲣鱼干出现后，便不再时兴了。

茄子酱渍　“酱”是以大豆为基底，氨基酸鲜醇味浓厚的酱状调味料。而茄子酱渍则是以大豆为基底，再加入茄子腌渍而成的食品，另外也会将瓜类或白萝卜等纳入腌渍食材的行列。如果是茄子或瓜类等食材，有时也会用盐来腌渍。

生姜糟渍　“糟”推测为酒粕，酒粕中加入生姜腌渍就成了生姜糟渍。另有瓜类的糟渍食品，为奈良渍的原型。

豉　意指以盐腌渍而成的纳豆，用盐、曲菌使大豆腌渍发酵而制成的食品，可用来制作高汤，也能当作药物使用。

酱　酱状的调味料。原料以大豆为主，再加上米（发酵用）、酒等食材，为酱油的起源。

切海藻　将“海藻”（意指海带芽）干燥后切成小块状的制品。海带芽在海中就像是柔软的布，日文也写作“和布”，另有一种海藻，日文称作“NIGIME”（ニギメ），为极受当时人们喜爱的海藻。

青海苔　一般认为是干燥后的石莼属食材。依据《延喜式》一书所言，青海苔产地在伊势、三河、出云及纪伊等地。

昆布　日文称作“EBISUME”（エビスメ），也就是现在所谓的昆布。可用来供奉神明，由于风味极佳，所以备受大家喜爱。

滑海藻　也称作“阿良女”。至今仍有称作滑海藻的海藻，但与海带芽相比，风味及质量皆略逊一筹。

史上无人匹敌的美食王

奈良时代初期最位高权重的长屋王（684—729年），不仅是位卓越的美食专家，更是日本史上无人匹敌的美食王。而且他还是一位气质出众的风流名士，举止风雅。长屋王的父亲为天武天皇的长子高市皇子，长屋王算是天武天皇的孙子，因此自然得以活跃于国家政治中枢。他曾任右大臣，于神龟元年(724年)就任为左大臣，从此成为朝廷内首屈一指的实权人物。

长屋王的府邸邻近平城京，被发掘出来时，曾发现大量的木简，并可由此解读长屋王无比豪奢的生活样貌。所谓的木简，就是将木材削成细长状，再用墨水书写做记录用的木片，广泛用来作为货签等。经考古挖掘，确定长屋王的府邸面积达6万平方米。依据众多木简可窥知，在长屋王府邸开阔的烹调空间当中，由全国各地运送而来的豪华食材曾在这里堆积如山。

此外，从出土的木简记录可得知，天平贵族的饮食内容虽不及长屋王，但也是超乎想象的丰盛且奢华。长屋王府邸遗迹出土的木简显示，从全国各地运送过来的各种食材，产地超过30处。全国的特产、名产支撑着皇家贵族的经济，满足了皇家贵族享受美食盛宴的饮食生活需求。

进贡给长屋王的鲍鱼

在长屋王府邸出土的木简中，发现有几则记载着与鲍鱼相关的内容，其中一则这样写道："长屋亲王宫，鲍大贽十编。"此为木制货签上所示之文字，被附在进贡至长屋王府邸的十把鲍鱼上头。这些鲍鱼的肉全被切成薄片后晒干，深受贵族喜爱。鲍鱼干被视为能让人长生不老的灵药，一般人相信这种食材可增进精力，延长寿命。

平安时代的医书《医心方》便针对鲍鱼写道："久久吃一次，可增进精力，使身体活动灵活。”更记载着：“秦始皇当时，遣人至东海寻找不死之药，或许此物即为鲍鱼。”鲍鱼含有丰富的牛磺酸及精氨酸等氨基酸，每一种氨基酸都能强健心脏及血管，的确是延年益寿的食材。

记载在木简上的“大贽”二字，原本应是出现在进贡给天皇的贡品上的文字，然而献给长屋王的贡品上居然也使用了这两个字，由此可推测，长屋王在当时的权力十分强大。

爱喝牛奶且偏好乳制品的君王

长屋王当时爱饮用牛奶。牛奶中含有大量易被人体消化吸收的钙质，且具有良好的安神功效，有效提升长屋王个人身体素质，对培养其敦厚的心性，塑造高尚的人格也有积极作用。有出土木简记载：“牛乳持参人米七合五夕。”意指赐予携带牛奶前来的人七合五勺的米。这里的“合”为市制容量单位，指一升的十分之一。另有写着“牛乳煎人一口”的木简，推估应是牛奶煮沸杀菌后再饮用的意思，但也可能是指将牛奶熬煮后再制作成酥。

酥这种首次出现的乳制品，在接下来的平安时代开始盛行，甚至成为贵族的药用食材。有关于酥的制法，在平安时代的《延喜式》一书中有记载：“作苏之法，乳大一斗煎，得苏大一升。”意思是说，一斗的牛奶熬煮之后，能制作出一升的苏（酥）。不过，牛奶中含12%左右的固态成分，因此准确来说并无法浓缩到原本的十分之一，但是可制作出浓缩到近十分之一的乳制品。倘若试着重现的话，可制成风味极佳，类似高级芝士蛋糕或牛奶糖般香醇浓郁且甜美的乳制品。在缺乏甜味的奈良时代，这种乳制品属于可补充体力的珍贵食物，肯定也深受女性喜爱。

夏天就要喝冰凉酒饮

长屋王在宽阔的庭院里，冬天会收集落叶，品尝温热酒饮，夏天则会铺上薄冰块，畅饮冰凉酒饮。而且应该也会为女性客人端上以名为“甘葛”的天然果露增添甜味的冰沙，或是透心凉的刨冰。长屋王习惯一到盛夏便使用冰块。夏天出现冰块或许会令人感到意外，不过当时他可是拥有个人专用“冰室”的。

冰室是为了将冬天的天然冰，贮藏至夏天使用所建造的土室。根据出土木简记载的文字推测，长屋王的冰室共有两处，分别深一丈（约3米），周围一圈达六丈（约18米），属于规模相当庞大的冰室。一处冰室名为“都祁冰室”，都祁为现在奈良县天理市福住町与奈良县奈良市都祁地区。这一记载有冰室相关内容的木简在日本属首次发现，在同一木简的背面，还标注着平城京迁都不久后的“和铜五年（712年）二月”这一日期。这处冰室与位于都城一级地区的长屋王府邸相距约20公里。为防止冰块融化，通常会在晚上用马驮着冰块走山路运送至长屋王府邸。

据推测，冰室原本仅为宫廷专用，然而长屋王却拥有自家的冰室，这表明他的权力已经强大到接近天皇了。如此权豪势要的饮食生活，更是反映出当时长屋王生活的富足。但是权极一时的长屋王，也会有从绝顶被推落谷底的时候。在敌对势力藤原氏一派操作之下，长屋王被冠上谋反罪名，最终其府邸被团团包围，长屋王放弃奋力一战的机会，表示“与其欲加之罪遭刑杀，倒不如选择一死”。于是，在天平元年（729年）的二月，长屋王全族一同自尽了。

营造醉人快意的各种酒类

奈良时代的酒类品种如下述这般繁多,上至高价酒,下至适合庶民饮用的廉价酒,着实叫人眼花缭乱。

事无酒、笑酒　《古事记》中"应神天皇"载:"須々許理が醸みし御酒に,我酔ひにけり。事无酒、笑酒に,我酔ひにけり。"意指须须许理所酿的酒,令人完全醉了。事无酒、笑酒,我完全醉了唷。须须许理估计是从大陆地区渡海而来的酿酒技师,据说由他酿制的酒美味绝伦。"事无酒"为"事和酒"的简称,"酒"即为一般所知的酒,有和平之酒的含义。"笑酒"则用来比喻宛如笑容般自然涌现,春风满面的酒。

清酒　由平城京遗迹中出土的木简可知,此为清澈透明的高价酒。清酒已将酒与粕分离开来,将上层澄清的部分以布状物进行过滤。另有被视为与清酒同义的"净酒"。

浊酒　清酒是将粕去除后的酒,相对于此,将粕直接保留下来的酒,就是所谓的浊酒,《万叶集》(卷三　三三八)载:

験なき物を思はずは一坏の
濁れる酒を飲むべくあるらし

与其什么忙都帮不上,一个人闷闷不乐钻牛角尖,倒不如喝杯浊酒来得畅快。

这是特别爱喝酒的大伴旅人的作品,出自大伴旅人知名的《十

三首赞酒歌》(酒を賛むる歌十三首,卷三　三四五)中的前几首诗歌。十三首诗歌当中还有:

価無き宝といふとも一坏の
濁れる酒にあに益さめやも

这杯浊酒为无价珍宝,无与伦比。

毕竟对大伴旅人而言,最棒的宝物就是酒了。相较清酒,浊酒虽为粗陋之物,却是庶民最熟悉的酒。另外,还有糟交酒,与浊酒几乎雷同。

新酒　该年新酿造的酒,也称作“新酿酒”或“今酿酒”。

古酒　用来称呼酿造后放置一段时间的酒,也就是酿造后存放一年以上的酒,有时也称“旧酒”。

白酒　这个酒名常见于平城京遗迹出土的木简上,被视为支付给下级官员或杂役工的酒,外观白浊的浊酒,不同于今日在女儿节使用的白酒,属于廉价酒。

厨酒　厨房用的酒,推估是用于烹调的酒。

和佐佐酒　日文的“和佐佐”为“早”的意思,推测应为新酒,或是未经过滤仍掺杂酒粕的酒。

黑纪、白纪酒　祭典用的酒。由精白米酿制而成的酒用布过滤后,便称作“白纪”;而“黑纪”则是将久佐木这种树的树根烘烤后制成黑灰,再加入白纪中。这么做应是为了减少酸味,因此才会利用木灰的碱性物质中和酒的酸味。此外,另有一说是利用糙米(黑米)酿制而成的酒称作“黑纪”。

醴　在平安时代的《和名抄》一书中有“和名古佐介”一文，说醴为“一日一宿酒也”。就是将米减量，增加多一点的曲所酿造而成的一夜酒，总之应是所谓的甘酒。

辛酒　推估为酒精发酵熟成后的酒，或是酸味变强的酒。两者皆为酒精成分较高的酒，通常会加水稀释后再喝。当时属于给雇工喝的酒，一般会将一升辛酒与四合水混合后，每人每两天分得三合酒。在雇工者眼里，并不是多上等的酒。

壶酒　外出登山或郊游时，若需要携带酒的时候，便会使用壶作为容器，再用绳子绑起来。装酒的壶属于小型的须惠器，《万叶集》中曾记载：“高円の尾花ふき越す秋風に 紐解き開けな直ならずとも。”（卷二十　四二九五）这首诗歌的前言如此写道：“这是在天平胜宝五年（753年）八月十二日，两三名大夫各自提着壶酒登上高圆野，略表内心感触所创作出来的诗歌。”

糟汤酒　将挤干的酒糟溶于热水中制成的廉价酒，为下层阶级用来取代酒的饮品。“糟”在平安时代的《和名抄》中解释为“和名加须，酒滓也”。虽说是酒糟，但其价值相当于一升的米，并不便宜。而一提到糟汤酒，最有名的应该就是山上忆良所作的《贫穷问答之歌》（貧窮問答の歌，卷五　八九二）：

風まじり　雨降る夜の　雨まじり　雪降る夜は　術もなく　寒くしあれば　堅塩を　取りつづしろひ　糟湯酒うちすすろひて　しはぶかひ　鼻びしびしに　しかとあらぬ　ひげかきなでて　吾を除きて　人は在らじと　誇ろへど　寒くしあれば　麻ぶすま　引き被り……

有风、有雨、有雪的夜晚，寒风刺骨，如果不能一边舔着坚盐，同时啜饮糟汤酒，那该如何是好？咳个几声再吸吸鼻子，摸摸刚冒出来的胡须，世间的那些人全都是木偶，总在说大话、摆架子。天气实在冻到不行，只好用麻布被包裹住整个身体。用双手捧着糟汤酒身体就会暖和起来，为受凉的身体带来些许暖意……

这里的"坚盐"指的是黑盐，依据《和名抄》所述，日文发音为"KITASHI"[きたし(木多師)]，这是用土器熬煮海水制成的盐块，并未去除苦汁，含有许多不纯物质，外观为黑色，比精制后呈白色的盐含有更多的矿物质，适合搭配下酒菜。

和食文化的故乡

使用筷子的技术

有阵子电视里曾流行一句广告词:“筷子国的人。”这句话说得没错,日本的确是筷子国。

以和食为例,在日本只要有一双筷子,用餐时就完全没有问题。甚至于吃西餐时,也有很多人因为少了筷子就会觉得不方便,因此某些西餐厅除了备有刀叉,还会为客人准备筷子。

“我们用手吃所有的食物,而日本人不论男女,从小就用两支棍子吃东西。”这是出自永禄六年(1563年),来到日本的葡萄牙传教士佛洛伊斯笔下《日本觉书》中所出现的描述。两支棍子当然指的就是筷子,然而过去日本也曾历经手食时代。在《魏志·倭人传》一书中便曾写道:“籩豆を用い手食す。”“籩豆”是指高脚盘,过去习惯用高脚盘盛饭,然后用手抓来吃。如要食用热汤等料理时,理应会使用到棒状的餐具,不过基本上手食可视为绳文时代以来的习惯。

古时候从大陆地区或半岛地区引进了多彩多姿的文化,而筷子也是外来文化之一。推测在7世纪后半叶,筷子才开始于贵族阶级之间使用。依据平城京遗迹的出土文物判断,筷子先在天皇家及贵族之间广泛使用，后来官员们也开始使用筷子，直到奈良时代结束之际，庶民们才开始用筷子吃饭。贵族所使用的筷子有金属制的，不过大部分使用的都是将桧木削薄后制成的细细长长的圆棍状筷子，长度在20厘米左右，比现在的筷子略短一些。

筷子的普及，也对料理造成了极大影响。因为摆放在餐盘上的料理，会切成小块或是烹调成一口大小，以便人们用筷子夹取；而且为了能用筷子食用体积较大的料理，还因此发展出能用筷子夹碎的烹调技术。许多和食从一开始就会将食材切小，基本上为一口大小。此外，可用筷子夹取的料理，往往都会控制在可轻松送进口中的分量。

其实，日本的料理具备各种分切技术，诸如切丝、切碎、切小块、切大丁、切小丁。日本民族拥有手脚灵活之美名，能够养成如此卓越的能力，多亏筷子的功劳。毕竟，日本人每次吃东西都得用到筷子，可用筷子夹起一粒粒米饭，甚至连豆子也夹得起来。日本人不但能灵活使用筷子去除烤鱼的鱼刺，连容易崩散的豆腐也能用筷子切成一口大小送进口中，甚至乌冬面或荞麦面也完全不成问题。简直就像是神经连接到筷子前端一样，可正确且灵敏地运筷。像这样使用筷子的技术，奠定了日本作为技术大国的基础。

筷子

盛装在笥里的饭

盛装米饭等主食的容器称作“笥”，是即使在现代也会用来当作便当盒的木制圆盒，弥生时代的遗迹中，就出土过这种圆盒。这种容器是将取自杉木或桧木的薄木片弯曲成圆形，然后加上底部所制成，过去也会用来做木桶、勺子等。《和名抄》中就有写道：“笥、和名計、食を盛る器也。”笥一般是用来描述器皿、容器这类物品的名词，但是很多时候直接使用“笥”这个字时，指的就是食器，并不会冠上内容物的名称。

《日本书纪》中的歌谣《武烈天皇》记载：“玉笥には 飯さへ盛り 玉盌に 水さへ盛り。”“玉笥”的“玉”是美称，“玉盌”是指美丽的碗。此外，在《万叶集》中还有一首知名的诗歌：“家にあれば笥に盛る飯を 草まくら旅にしあれば椎の叶に盛る。”（卷二 一四二）这首诗歌的意思是说，如果是在家里，饭会盛装在正式的食器（笥）里，但是现在出外旅行，所以改用栲树叶子盛装。笥虽然在这样看似单纯的诗歌中被提及，但其实这首诗歌还有其他含义。

这个作品完成于齐明天皇四年（658年），作者有间皇子年纪轻轻，于19岁便死于非命。因为他身为孝德天皇之子，所以被迫卷入政治斗争而导致悲剧收场。诗歌中提及“用栲树叶子盛装”，在当时用树叶作为食器实属平常，如最具代表性的要数橡叶年糕，时至今日日本人仍有使用橡树叶子作为食器的习惯。不过以有间皇子为例，即便出外旅行，用栲树叶子当作食器也嫌太小。究竟为什么诗歌里会刻意提到用栲树的叶子盛装呢？

这是有间皇子为自己祈求平安，供奉神明之用。也有可能是因为人在旅途中，身边能够作为食器之用的叶子，也仅有栲树的叶子而已。皇子为了向神明祈求自己平安，而用栲树叶子盛装食物供奉，是多么可悲的事，所以这是首悲伤的诗歌。

食器除了圆盒的笥之外，还有土师器、须惠器的土器，以及木器、树叶食器等，甚至还有高级贵族使用的涂漆食器。

树叶食器

如同有间皇子在以悲剧收场的旅途中以栲树叶子盛饭一样，树叶自古以来就被用来代替食器。最多人使用的是橡树的叶子，另外荷叶以及日本厚朴的叶子等也常被拿来使用。橡树叶被称为"炊叶"，主要用来盛装炊煮过的食物，也就是盛装炊饭的食器。橡树为壳斗科的落叶乔木，生长于山区等地，高度达10米左右。

在平安时代的《和名抄》一书中记载："可之波　柏　和名同上木名也。"橡树的叶子可晒干后保存，并视需求取出使用。记载平安时代政治相关制度、政务及仪式等内容的《延喜式》一书中写道："菓子雑肴盛以干柏。"可见，过去一直使用橡树叶盛装点心，或是用来包饭。另外，还会使用以叶子组合而成的叶碗，依不同季节分别采用青橡树叶、荷叶、干燥橡树叶等来制作。

像这样使用树叶的文化，从绳文时代以来一直都有，更延续传承到现在。在岐阜县的飞驒地区，人们在日常生活中至今延续着使用日本厚朴叶的习惯。日本厚朴叶是一种食器，并可作为锅子使用。据说在村落集会等场合，便会端出用日本厚朴叶盛装的料理，煮饭赈灾之际，还曾用日本厚朴叶分饭来吃。有些寿司也会放在日本厚朴叶上美美地摆盘。在日本，厚朴叶年糕是盂兰盆节吃

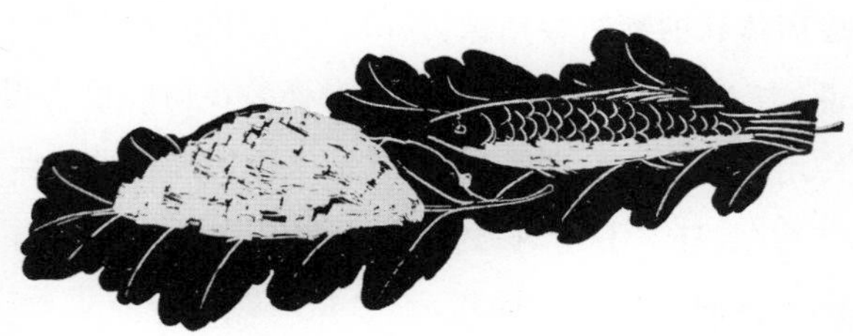

炊叶

的年糕，据说会将年糕分成适当的大小，再摆在日本厚朴叶上对折后享用。日本厚朴叶味噌则是用日本厚朴叶取代锅子，将葱花加入味噌中，一边加热一边品尝的美食，鲜醇风味让人难忘。

古时候的食器，以直接烧制的土器居多，类似米饭这种黏性高的食物，如果直接盛装恐会附着砂粒等异物，使人难以入口。此时便会将树叶铺在底下，面积大、方便使用，具清爽香气的橡树叶格外好用。

从橡树叶至膳夫

橡树叶在古代被视为洁净的酒器，备受重视。《古事记》中记述"应神天皇"的部分便写道："發長姫に大御酒の柏に取らしめて。""大御"是用于尊称的接头语。大御酒大多是指进贡给神明、天皇或君主的酒。大御酒在《古事记》及《日本书纪》中有诸多实例，诚如前文记述"应神天皇"的章节中，便记载着"ここに天皇、この献りし大御酒にうらげて"等文字，意思是说喝了大御酒醉酒后心情愉悦。

究竟为什么大御酒能用橡树叶盛来喝呢？古代有一种“熬制成固体状的酒”,会用橡树叶当作临时凑合用的杯子盛装。也就是说,当酒呈现较为浓稠的粥状时会装在树叶里饮用,如今有时也会使用“食酒”这种说法,或许就是这样从古时候传承下来的。

在《日本书纪》撰述景行天皇五十三年冬十月之章节中,在东国巡行的内容里曾提到,于上总国的大海捕获了“白蛤”(指文蛤,另有一说为鲍鱼)。因此,当时随行的膳夫(指在宫中负责料理的人,如果用现在的话说,就是手艺高超的厨师)磐鹿六雁立刻用香蒲叶将袖子系起来,接着写道:“白蛤を膾に作りたてまつりき。”意思是说,在旅途中膳夫会将新鲜的食材切成小块,用盐搓揉后即席制作出生食料理。这类记述在料理史上尤为珍贵。

“脍”的日文读音为“NAMASU”(なます),而“NAMA”(なま)有生食之意,“SU”(す)则为“宍”(译注:日文读音为SHISHI)的变化字。“脍”与“鲙”的日文读音同为“NAMASU”(なます),准确来说,前者指的是鸟兽类,后者用来形容鱼贝,不过“脍”常常两者通用。脍是将鱼贝类及鸟兽类的生肉切碎后,用盐、酢或酱类等调味料拌一拌再食用的料理,为现在刺身的前身。

名为酱酢的二杯酢蘸酱

刺身,现在可说是备受全世界推崇,是足以象征和食文化的料理手法。刺身重视当令时节,注重食材的原汁原味。不过还有一种料理与刺身并列,也象征着和食的智慧,那就是味噌汤。

在《万叶集》这部作品中,同时记载了刺身与味噌汤起源的诗歌《水葱之羹》(水葱の羹)这样写道:“醤酢に蒜搗き合てて鯛願

ふ,吾にな見えそ水葱の羹。”(卷一六　三八二九)首先,在一开头出现了“酱”与“酢”这两种调味料。酱是酱油的始祖,主要原料为大豆,是将大豆用盐腌渍发酵而成。酢为具酸味的调味料,在脍料理中不可或缺。将这种酱与酢混合调制的调味料即为“酱酢”,也就是现在所谓的二杯酢(译注:将酢与酱油以1:1的比例调制而成),或是类似酢味噌的调味料。酱酢是奈良时代品尝鱼肉等脍料理时,少不了的蘸酱。

其次,诗歌中出现的“蒜”为蒜头或野蒜这类刺激性气味强烈的香辛料,“水葱”指的是生长在沼泽或水田等处的雨久花,其嫩芽及嫩叶在当时可用于汤品之中。诗歌的意思是,我一直想将酢与酱拌匀,然后加入捣碎的蒜头调制成酱汁,再与肥美的鲷鱼薄片拌一拌来吃,千万别让我看见像水葱热汤这样的粗食。

酱酢拌鲷鱼,就是后世的“刺身”,“羹”则为热汤,意指汤品,当然调味料理应使用了酱或未酱[日文发音为MISO(ミソ),为味噌的起源],可视为后来的“味噌汤”。平时,鲜少能够品尝得到鲷鱼刺身,一股劲儿地空想盼望,结果端上来的还是日常食用的水葱汤,因此才会感叹说道:“别让我的梦想破灭。”

这首诗歌出自长忌寸意吉麻吕之手,作者笔风诙谐,从这首诗歌所吟咏的对象为植物这点来判断,时节应在初夏或盛夏。作者因酷暑而食欲不振,一心思索着该如何是好的同时,或许满脑子想的都是鲷鱼料理吧?反过来说,平时这种料理肯定是难以品尝到的,属于价格昂贵的珍馐美味。

三菜一汤的起源

平城京遗迹经挖掘后，发现最多的是土器，这似乎是人们日常使用的一般食器。土器当中有以低温烧制而成，融合弥生土器风格的红色土师器，还有以高温烧制而成，泛着青灰色的须惠器。须惠器是在古坟时代，由朝鲜半岛传入的新技术制作而成。

就土器的使用比例而言，在中级以下的官员及庶民的日常生活中，大部分使用的是土师器，须惠器推估占两成左右。具锅或釜的功能，用来炊煮的瓮为土师器；储藏用的壶则以须惠器为主。如将作为食器的土器加以分类的话，杯占一成，碗占两成，此外皿占两三成的比例。杯主要是用来盛酒，或是盛装盐、酢、酱等调味料的。由这种出土比例来推测，会发现居民们的日常饮食规格皆为一碗饭、一碗汤、两三盘菜，接近三菜一汤，所以和食文化的基础或许可以说就是在这个时代奠定下来的。

诚如前文的《水葱之羹》所示，羹就是日后味噌汤的起源，当时同样大多会将汤摆放在饭的旁边。依据平安时代的《和名抄》记载："有菜曰羹，和名阿豆毛乃。"正如"有菜"二字一般，当时的热汤皆以蔬菜为主。传述倭国风俗文化的《后汉书·倭传》一书中，便记载着倭人长寿及菜茹的相关内容。"菜茹"就是后世的味噌汤，传闻为卑弥呼的"长寿汤"，与奈良时代的"羹"如出一辙，都是以蔬菜为主的炖煮汤品。当手边有鱼或肉时，或许也会一起用于料理当中，因为动物蛋白中内含大量氨基酸，可让蔬菜汤的风味更佳。

江户时代的读本（译注：江户时代小说的一种）作家泷泽马琴（1767—1848年），在其创作的《燕石杂志》一书中便曾写道："羹を

おつけというのは、飯につけて食うからである。"意思是，羹会被称作"御付"的原因，是因为它附在饭旁边食用。可见，在奈良时代这种汤配饭的饮食模式已经形成了。

芜菁也可用作应急粮食

奈良时代，芜菁是食用价值极高的万能蔬菜，其叶片面积宽广，口感也不输其他蔬菜。而且芜菁肥大的白色球根肉多汁多，大块炖煮后会产生甜味，容易让人获得饱足感。因此，芜菁无论是叶片、茎部，还是球根，都常被用作汤品或做渍物的食材。

遇到紧急情况，甚至还能直接生吃芜菁。芜菁与梨子或栗子相比也绝不逊色，还具有与五谷杂粮相同的功能及实力。而且只要撒下种子发芽后，芜菁从成长阶段中的嫩芽开始即可用于料理当中。在《日本书纪》中在持统天皇七年三月的章节中这样记载：

> 天の下をして、桑、紵、梨、栗、蕪菁などの草木をすすめ植えしむ。これをもって五穀を助けしめたまえき。

> 芜菁和用来养蚕的桑树，可采集纤维作为衣服原料的苎麻，还有梨子、栗子等水果一样，是鼓励全天下种植的作物，在五谷不足时，此作物也能用来充饥。

一提到"青菜"，人们就会联想到绿色的蔬菜，即所有的叶菜类蔬菜，而"青菜"这个称呼，事实上是从"芜菁"演变而来。在《和名抄》一书中，便将芜菁记述为"和名，阿乎奈"(AONA)，也就是说，

当时芜菁的地位可代表所有的蔬菜。“菁、菁菜、蔓菁、蔓菜、芜菁、菁奈根”,这些全都可用来称呼芜菁,若要形容芜菁的叶片,则会称作“青菜”(アオナ,AONA)或是“芜菜”(カブナ,KABUNA),根部则叫作“芜”(カブラ,KABURA)。

除此之外,还有另一种称呼叫作“茎立”(ククタチ,KUKUTACHI)。在《和名抄》一书中便提到:“俗に茎立の二字を用う。蔓菁の苗なり。”说明“和名、久々太和”。也就是说,芜菁的嫩芽称作“久久太和”,人们习惯于早春时节食用芜菁的嫩芽。除了称呼芜菁的嫩芽之外,“久久太和”一词也能用来称呼白萝卜、水芹等其他蔬菜的嫩芽。《万叶集》(卷一四　三四〇六)中有这样一段描述:

上毛野佐野の茎立折りはやし
吾は待たむゑ今年来ずとも

就算今年不归来,我还是会为那个人将生长在这片佐野之乡的芜菁嫩芽采摘下来,烹调成热汤之类的料理等着他。

还有下述有关“蔓菁”的诗歌,《歌咏行滕、蔓菁、食荐、屋梁之歌》(行滕、蔓菁、食荐、屋梁を咏める歌,卷一六 三八二五):

食薦敷き蔓菁持ち来梁に
行縢懸けて息むこの君

铺上竹席做好准备，紧接着煮好青菜送过来。恭请主人解开绑腿布后挂在那根横梁上，好好地休息片刻。

这首诗歌描述一身打猎装扮的贵客，意外地来到乡间农家。而当场为这位客人料理的美味佳肴，就是芜菁煮物或芜菁热汤。

奈良时代的主要蔬菜

奈良时代，百姓在平时的饮食中会使用到的蔬菜，在《万叶集》《正仓院文书》及木简等资料中，主要提及下述几种。

芜菁　为芜菁的叶片部分，日文称作“AONA”（あおな）。可料理成羹（热汤）、煮物、渍物，利用价值极高，深受奈良人喜爱。

芜菁根　为芜菁的根部，日文称作“KABURA”（かぶら）。可灵活运用于汤品及渍物中，也能用来取代米饭等主食。

茎立　日文称作“KUKUTACHI”（くくたち），为芜菁的嫩芽，但有时也会用来称呼白萝卜、水芹等其他蔬菜的嫩芽。

蕗　日文称作“HUHUKI”（ふふき），为现在所谓的蜂斗菜。除了野生品种外，也可人工栽培。

芹　等同于现在的“芹菜”。分成芹菜茎及芹菜叶，可用于汤品或蔬菜料理。

水葱　日文称作“NAGI”（なぎ），意指雨久花。可作为制作羹等料理的食材。

太罗　日文称作“TARA”（たら），意指辽东楤木。楤木的嫩芽至今仍是颇受欢迎的山菜。

莪　《和名抄》中记载为“OHAKI”（おはぎ），但是日文也称作

"UHAKI"(うはぎ),即为现在的马兰(日文称:嫁菜)。

葵 日文称作"AOHI"(あおひ),即为现在的锦葵。

蕨 日文称作"WARABI"(わらび),即为现在的蕨类,食用其嫩芽,是人气颇高的山菜。

茄子 日文称作"NASUBI"(なすび),即为现在的茄子。上市时间长,从夏天至秋天都有茄子,为颇受欢迎的食材。

芋 也写作"家芋",日文称作"IHETSUIMO"(いへついも),意指芋头。与现在一样,其茎部都会被拿来食用,日文写作"芋柄",日文IHETUIMO发音为"IMOGARA"(いもがら)。

胡瓜 在《和名抄》一书中提到的"和名木宇利"即为胡瓜,就是现在的小黄瓜。

署预 有时也会写作"山芋",日文称作"YAMATUIMO"(やまついも)或是"YAMANOIMO"(やまのいも),为颇受欢迎的食材。

蒜 日文称作"HIRU"(ひる),在《万叶集》一书中也有将"蒜"咏入诗歌中的。意指蒜头或野蒜,统称为"蒜",日文也称作"荤菜"。

萝菔 即为现在的白萝卜,日文称作"OHONE"(おほね),日文有时也会写成"大根"二字,属于价格较为昂贵的根茎类蔬菜。

白萝卜

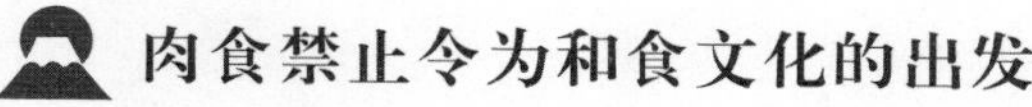

肉食禁止令为和食文化的出发点

“禁食肉类”的加乘效果

佛教传入日本后，除了对当时的百姓产生巨大影响之外，也对日后日本人的生活文化带来各种影响。最大的变化，就是回避肉食的风潮日渐高涨。

起因源自天武天皇四年(675年)四月所颁发的那道闻名遐迩的“肉食禁止令”，在《日本书纪》记述天武天皇的章节中便提道：“不得食用牛、马、犬、猿、鸡的肉，其余不禁，触犯者论罪。”之后，仍再三颁布同类诏书，这些“肉食禁止令”彻底改变了日本人的饮食习惯。自绳文时代延续下来的肉食习惯突然被改变，这种不食肉类的倾向更持续到江户时代末期，长达1200年之久。

说得极端一点，动物的肉自此完全从日本人的餐盘上消失了；反过来说，这也成为日本人开始摄取鱼类等动物性蛋白质，靠大豆及稻米补充植物性蛋白质的契机，形成了全世界无出其右，让人健康长寿的饮食文化，这项禁令的正面意义受到了世人瞩目。

换言之，“肉食禁止令”发布之时，正是和食文化吸引全世界目光的起点。如今和食成为世界非物质文化遗产，在国际上的好感度也日益升高。日本人为世界首屈一指的长寿民族这道光环，也使和食备受瞩目。

捣豆、酱、未酱、鲣鱼煎汁

禁止肉食的规定,促使大豆加工食品开始发展起来。奈良时代有煮豆,也有蒸豆、捣豆(为大豆的粉末,即现在的黄豆粉)及毛豆。发酵食品则有酱(古时候的酱油)、未酱[日文读作“美苏”(MISO),为现在的味噌]、豉(类似大德寺纳豆,以曲菌发酵而成的发酵食品)等。

大豆内含的蛋白质高达35%,比起马肉的20%、牛肉的20%、野猪肉的18%、鹿肉的22%、猪肉的20%都要高出许多,算是极为优质的蛋白质食品。在组成蛋白质的氨基酸是否均衡方面,大豆的氨基酸群不比肉类差。在大豆制品方面,为了促进身体对优质大豆蛋白质的吸收,并增加大豆制品不逊于肉类的鲜味,奈良人会加入麦或米等曲菌与盐,促使大豆发酵、熟成,最后的产物就是奈良时代的酱与未酱,为日常不可或缺的调味料。接下来便从大豆粉开始为大家做介绍。

末女豆木

末女豆木,是将大豆炒熟后磨成粉的制品,即为黄豆粉。相当于现代日文中的“黄粉”,“黄粉”二字形容的是其外观。反观古代的“捣豆”,指的则是末女豆木的制作过程。在《正仓院文书》一书中于天平宝字二年(758年)的记录写道:“大豆一斗升舂。”舂意指用臼捣谷物、捣臼去谷。这段话的意思是说,用来制作黄豆粉的大豆原料为一斗六升。

《和名抄》中记有“大豆麨,末女豆木”这样一段文字。“麨”为粉末的意思。意思是说，借由烘焙等方式将大豆炒熟后磨制成粉。捣豆香气四溢且具有淡淡的甜味，为平城京所出产之唐菓子（点心）不可或缺的原料。

在《医心方》一书中，针对大豆粉的功效有撰述如下："炒熟后磨成粉，味甘甜，可治胃热消肿胀，去麻痹消化谷物。"在《正仓院文书》的记载中，据说也留有罹患脚部疾病的僧侣，请求支取大豆以作药用的请愿文书。

酱

"酱"是奈良时代最具代表性的调味料，呈液体状，为酱油的始祖。其主成分为大豆，原料包括大豆、盐、米、酒、糯米、麦类等，主要的鲜味及营养则来自大豆氨基酸。

酱的制法是由大陆地区传入日本的，虽然当初大陆地区盛行的酿造法直接引进了日本，但是随着时代更迭，推测为了迎合日本的风土民情，奈良人已经设法改良成更美味的"酱"。因此，奈良时代的酱在历经时代变迁后，肯定已经成为日本独有的酱了。

在《和名抄》中也记有"比之保"（ひしほ）等文字。宝龟二年（771年）的记录写道："酱四斗二升，新造，以酱大豆五斗得作汁。"依据这段记述可得知，"酱四斗二升"是由"酱大豆五斗"所酿造出来的。

最引人注目的"得作汁"，是一种液体的酱，早在奈良时代就已经普及，推测应类似现在的浓酱油。在生食鱼类等生肉时，这种酱十分好用。由此可知，号称日本料理中最具代表性的刺身吃法，其原型在奈良时代便已经奠定下来了，也就是在《万叶集》中提到的"脍文化"。在奈良时代相关的文献记载中，还会看到"滓酱"（糟酱）这几个字，这指的是用布将酱拧干后剩下的渣滓，也会在市场上流通。

未酱

奈良时代几乎也可称作是“大豆发酵食品的时代”，出现了以大豆作为主要原料的酱类，并开始普及。形态稍有差异的未酱也是酱的一种，依据《和名抄》中所言，未酱的日文读作“美苏”，而且“一般人习惯用‘味酱’二字称呼”。制作未酱的原料包括大豆、米、小麦、酒、盐等，与现在制作未酱的原料大同小异。

未酱的制作方法似乎是将大豆以蒸或煮的方式加热后，再以这些熟大豆作为主要原料，然后与米、小麦之类的曲、盐、酒等材料搅拌均匀，发酵熟成后制作而成的。使用曲促使煮熟的大豆发酵之后，蛋白质会分解成氨基酸，使鲜醇风味成倍增加。就是因为美味且营养价值高的未酱在日常生活中很容易获取，因此即便被禁止吃肉，也不会对人们的日常饮食造成任何影响。

未酱不仅能作为调味料使用，还能直接当作主餐的配菜，甚至也能作为下酒菜，十分受欢迎。在奈良人的饮食生活中，未酱属于不可或缺的食材。未酱会被存放在圆盒形的容器中，如同现代含水量少的味噌一样，其形态是可以被盛装于容器中的。

豉

豉是将煮熟变软的大豆借由曲菌发酵后，自然产生的有咸味的一种食品。搬运时，习惯将豉倒进篮子里，推测豉应该类似现在的大德寺纳豆或静冈县的滨纳豆，可能接近现在中京地区所制造的100%大豆味噌。虽然豉可直接食用，不过正如《和名抄》中记述的“五味调和”一般，也会用来做调味料，且价格昂贵。豉的日文发音之所以会念作“KUKI”（くき），则与《和名抄》中“和名久木”这几个字有关。

自平城京遗迹出土的木简中，曾发现标记有“武藏国秩父郡大赀豉一斗"的文物，当时的豉为税金的一种，这段话的意思是说，秩父郡缴纳了一斗的豉。由此得知，在奈良时代武藏国的秩父地区为豉的产地。

鲣鱼煎汁

令人意想不到的是，在奈良时代就已经有由鲣鱼熬煮而成的液体调味料了，就是所谓的鲣鱼煎汁。在《养老赋役令》中便有"鲣鱼煎汁四升"或"鲣鱼煎汁一合五勺"等相关内容的记述，作为鲣鱼标识牌的木简也曾大量出土。日文中的"IRORI"(いろり)就是卤汁的意思，意指经由熬煮将鲜醇风味萃取出来的浓缩液。

在日本料理中，一般会出现鲣鱼高汤、鲣鱼昆布高汤、昆布高汤、小鱼干高汤等，这些高汤的起源，应该就是来自鲣鱼煎汁这种调味料。《和名抄》一书中记载："坚鱼煎汁，加豆乎以吕利。"依照《和名抄》中的分类来看，鲣鱼煎汁归类于"盐梅类"中，视为调味料的一种，与未酱等调味料一起使用，属于可增加鲜味的食材。此外，无论是酱、未酱，还是豉，全都归类于盐梅类。

鲣鱼煎汁通常是以壶盛装，主要从伊豆诸岛运送至平城京。自式根岛及神津岛等地出土的一种埚型的土器十分特殊，其产地仅限于伊豆、骏河、相模沿岸地区、伊豆诸岛，造型独特，呈现深钵外形，高度在50厘米左右，尺寸巨大。这种埚型土器会被用来制作鲣鱼干，而在制造鲣鱼干的过程中便会产生熬煮的卤汁，也就是煎汁的原料。

鲣鱼煎汁为高价的奢侈品，在宫中或贵族府邸作为餐点调味之用。鲣鱼的鲜味成分主要为肌苷酸，味噌里头则以谷氨酸居多。当谷氨酸与肌苷酸结合之后，鲜味会增加数倍，风味大幅提升。正因为如此，鲣鱼煎汁的美味才足以媲美动物肉类。

万叶人的生活模式

众多诗歌以食为题

《万叶集》收录了自7世纪至8世纪中期为止，横跨约莫130年来所创作的诗歌，合计约有4500首，为日本最古老的诗歌集。作者群体上至天皇、贵族，下至士兵、庶民，覆盖各个阶层。以“食”为题的作品也相当多，当时的人们对于饮食的热爱与现代人几乎无异。

《万叶集》中以“食”为题的诗歌语言风格强烈，表现出日常生活的一举一动皆以食为出发点。对于奈良时代的人来说，创作诗歌并非特殊才能，这种表现能力是人人与生俱来的。若以现代的角度来看，奈良时代的人都很乐观，每一个人都是创作歌手，现摘录几首诗歌如下。

《梅花酒》(卷八　一六五六)
酒坏に梅の花浮べ思ふどち
飲みての後は散りぬともよし

梅花浮在酒杯里，一起喝下之后，就算花散开了，那也完全不要紧。

这实在是部无可挑剔的作品，是“冬之相闻”（冬の相聞）里头大伴坂上郎女的作品，实在充满情境。不管是赏梅花还是樱花，都可以汲取宿于花朵里的生命力，花与酒一起喝下则是当时人们的习惯。

《长寿愿望》（卷二〇　四四七〇）
泡泡なす仮れる身ぞとは知れれども
なほし願ひつ千歳の命を

虽然知道暂居之身如水泡般稍纵即逝，但仍祈盼千年长寿。

《长寿愿望》是大伴家持以“祈盼长寿之歌”（寿を願ひて作れる歌）为主题所创作的作品，显示强烈渴望长命百岁的意愿。

《湍流灵水》（垂水の霊水，卷七　一一四二）
命を幸くよけむと石そそく
垂水の水をむすびて飲みつ

用双手舀起岩石上急湍的泉水一口喝下，祈求这辈子能永远强健长寿。

此为“摄津国之歌”（摂津国の歌）当中的作品。清冽的泉水，如同过去相传一般，是能带来长寿的灵水，即为有益健康的矿泉水。毕竟人体有60%全是水分，补充优质的矿泉水，便能获得强健长寿的绝佳功效。

《常世之国》（卷四　六五〇）
吾妹子は常世の国に住みけらし
昔見しより変若ちましにけり

我深爱的人，似乎居住在常世之国，那是一个不会老去、不会死亡的乐园，因为她变得比当初分开时更年轻了。

这首诗歌的主题是“与女子分手后重逢之歌”（女に別れてまた逢うた時の歌），“变若ちる”是“回春”的意思。生命变得更加年轻有活力可用“变若ちる”一词来形容，过去人们一直相信只要去到常世之国，就能拥有不会老去、不会死亡的灵力。

《煮马兰》（うはぎ煮らしも，卷一〇　一八七九）
春日野に煙立つ見ゆをとめ等し
春野のうはぎ採みて煮らしも

在春日的原野看见烟雾升起时，似乎就是女孩们正在烹煮刚从春天的原野上采摘下来的马兰（嫁菜）。

这首诗歌收录在“春之杂歌”（春の雑歌）中，摘野菜是春日习俗，为了使女孩成为独当一面的女人，会让她们在汲取春天能量的同时，学习如何采摘野菜的嫩芽。

《叉鲔鱼》(まぐろ突き，卷一九　四二一八)

鮪衝くと海人のともせる漁火の

ほにか出ださむわが下念を

夜晚海上的点点亮光，并不是渔夫想用鱼叉捕捉鲔鱼而在使用渔火照明，应是我展露无遗的思念。

此为大伴家持的作品。鲔鱼是当时备受青睐的大型鱼类，在《和名抄》一书中提到的"之比"，指的就是鲔鱼。

《待君酒》(卷一六　三八一〇)

味飯を水に醸み成しわが待ちし

代はかつてなし直にしあらねば

蒸得很美味的硬饭制作成曲，再加入水使之发酵，耐心地等待其酿制成酒，没想到这么做却一点都不值得，因为贵人并没有来。

这首诗歌十分悲伤，作品说明中提道："上述这首诗歌，还有这样的传说。从前的从前，有名年轻女子，她与丈夫走散后独自生活，内心一直思念着她的丈夫。就这样过了好几年，没想到，丈夫却和别的女子结婚了。她酿着酒等待丈夫，丈夫却不归来，只让人送了个包裹给她。于是，曾经身为妻子的女子，因为过于悲痛，而将满心怨恨填入歌词中,回了信给对方。”

《嘲讽瘦子之歌》(やせたる人を笑う歌,卷一六 三八五三)

石麻呂に吾物申す夏痩に
良しといふ物ぞ鰻漁り食せ

石麻吕先生,您好! 听说有个药方对于像您这样会在夏天消瘦的人十分见效,推荐您来品尝看看鳗鱼。

这首诗歌为大伴家持所作,下述作品同样出自大伴家持之手,从下面这部作品可以发现,在奈良时代,人们习惯靠食用鳗鱼来增强体力,预防夏季消瘦的问题。鳗鱼因含丰富的蛋白质、脂质、维生素、矿物质等营养素,自古即被认为是有效强健身体以及增进精力的食物。

《嘲讽瘦子之歌》(卷一六 三八五四)
痩す痩すも生けらばあらむを
はたやはた鰻を漁ると川に流るな

即便身材纤瘦还是能活得下去,所以请别为了捕抓鳗鱼勉强下河,那样会被卷入河水中丢掉性命。

上述诗歌所描述的就是如此幽默的内容。

《食瓜》(卷五 八〇二)

瓜食めば子等思ほゆ
栗食めば
ましてしのはゆ
いづくより来たりしものぞ
まなかひにもとな懸りて
安眠し寐さぬ

只要吃口瓜,就会想起孩子,
让人也想让孩子吃到这瓜。
还有只要沾到一点美味的栗子,
就会令人忍不住地思念孩子。
我那可爱的孩儿,你是打哪儿来到这世上的呢?
你的面容总是在我眼前忽隐忽现,
甚至让人夜不成眠。

这是山上忆良的知名作品。无论是瓜类还是栗子,都能直接食用,且具有甜味,在当时是大人、小孩都很喜爱的食物。

《菇》(きのこ,卷一〇 二二三三)

高松のこの峯に狭に笠立てて
みち盛りたる秋の香の吉さ

高松这座山高耸犹如立起的斗笠,满地遍布的松茸,香气四溢,芳香无比。

这首诗歌的标题为“咏芳”(芳を咏める),推测诗歌中“秋の香”指的是松茸,当时习惯将蕈菇类称作“茸”。

《海藻》(わかめ,卷一四 三五六三)
比多潟の磯の若布の立ち乱え
吾をか待つなも昨夜も今夜も

宛如生长在比多潟岩岸边的海带芽一样,虽然内心纷乱,但是昨夜和今夜依然一直等候着我。

《和名抄》中曾将“海藻”解释成“日文称作‘NIGIME’(ニギメ),俗话称作‘和布’”。海藻属于生长在海洋中的健康食物,可料理成羹(现在的味噌汤),也能与酱酢(酢味噌)拌一拌后食用。当时,“海藻”“若布”“和布”等词是通用的。

《洗朝菜》(卷一四 三四四〇)
この川に朝菜洗ふ児汝も吾も
よちをぞ持てるいて児賜りに

在这条河川清洗青菜用来煮早餐的人呀,你和我刚好都育有年纪差不多的可爱儿女,要不要来互相交换一下呀。

由这首诗歌可见,诗歌中的人当时正好在清洗食材,准备料理早餐要喝的汤品。

第 四 章

平安时代的饮食

へいあんじだいのしょく

平安贵族的饮食形态

平安京为食物流通据点

自桓武天皇于延历十三年(794年)迁都至平安京后,直到源赖朝升任征夷大将军,并于建久三年(1192年)在镰仓创立幕府为止,这约莫400年的平安时代,也被称作"王朝文化时代"。太平盛世持续了一段时间,为祈盼此地能够成为万年的春风乐土,故取名为"平安京",并且根据此地的景胜,将山背国改名为"山城国"。自此以来,在江户时代结束之前,长达一千年以上的时间里,这里一直是日本的首都。时光荏苒,当时街道划分的痕迹,仍可从现在的京都房屋的排列上看出端倪。

过去所承袭的大陆地区文化重新洗牌,唐朝势力也日渐衰退,进而废止了遣唐使。平安时代成为塑造日本特色的时代,这个时代所具备的意义,在日本文化史上影响极大。从饮食文化史的角度来看,当时甚至可视为和食因子越发茁壮的时代。

迁都至平安京的最大理由,在于该地位处交通运输上最便利之地。记述迁都理由的诏书中便写道:"因水陆之便而迁都此地。"若以水运而言,利用淀川水系可与濑户内海的海运联结,得以运送海产品;陆路方面也很方便,西有山阴道,南有山阳道,东北地区则有通往东海、北陆道的据点。而且只要来到近江的大津，便能走琵琶湖的水运路线，还能与北陆道串联。

平安京就像这样，成为相隔甚远的两地的交易据点，可从各地高效地运送大量必备物资，以维持平安京的生活所需，这也是首都繁荣兴盛的背后原因。平安京为政治、文化、商业、物流的中心据点，因此丰饶无虞，连带料理文化也十分发达。

米饭的食用方式

平安时代也常被称作“贵族的时代”。推估在平安京出任官职的贵族及官吏人数达一万人左右，再加上这些官员的家族成员，人数则多达四万人左右。以现代的话来说，这些人就是所谓的公务员及其眷属。

宽平六年(894年)废止遣唐使后，致使时代趋向和风化。贵族文化鼎盛之世，正逢此和风文化开花之际，成为和风文化发展的一大动力。

平安贵族的用餐次数，为一日两餐，一般分为朝饷及夕饷，早餐在上午十点钟左右，晚餐在下午四点钟前后；可是，劳动量大的下级官吏及庶民，光靠一日两餐，身体实在坚持不了，因此都会食用零食。贵族在感觉空腹时，同样也会食用点心或年糕等零食。带甜味的点心，尤其深受女官们欢迎。

贵族的早餐多是吃粥，如今在京都及奈良等地仍保有朝食粥的习惯。日本人的主食为米，贵族、官吏及庶民皆是如此。但是米在谷物当中属于高价食物，因此庶民习惯食用五谷杂粮比例较高的米饭。平安时代的贵族所食用的米饭，接近我们现在用电饭锅烹煮的米饭,称作“姬饭”。若针对贵族的米饭食用方式进行分析的话,种类繁多,列举如下。

强饭　平时食用的强饭为白米硬饭,是将粳米倒入甑中,经数次淋水蒸煮而成,是不具黏性的米饭。在特别的节日里有时会使用糯米制作强饭,为当今硬饭的起源。强饭又硬又难以入口,自然易被排除在日常饮食之外,当“姬饭”普及后,便攻占了主食的地位。正式餐点或喜庆节日用釜煮人们所吃的米饭时,则会呈上用糯米煮成的强饭,而且至今仍承继这个传统。

姬饭　意指糒,是将粳米以釜或锅等器具煮熟的米饭。姬饭具有适中的黏性,口感柔软,可用碗盛装,也能用筷子夹取,直接送进嘴里食用。有时会以“水炊姬饭”等文字来表现,在《和名抄》一书中提到的“和名比女”,则说明“煮米多水也”。

汁粥　也时也会单纯称作“粥”,《和名抄》中便记有“之留加由”等文字,意指汤汁多的粥。当时的人冬季早餐偏好食用热粥。粥就是米多加一点水炊煮而成的饭,而固粥就几乎和姬饭一模一样。

白粥、赤粥　白粥是用精白米烹煮而成的普通稀饭,而赤粥则是使用红豆料理而成的红色稀饭。《宇津保物语》(藏开·上)便写道:“白粥一桶,赤粥一桶。”

油饭　《和名抄》中记有“阿不良以比”这么一段文字,虽然说明“麻油炊饭也”,但仍让人一知半解。“麻”也有麻油的意思,此处所提到的油,为当时惯用的麻油,因此推测油饭应为加入麻油炊煮而成的米饭。

汤渍　将汤淋在米饭上食用称作“汤渍”,尤其在寒气逼人的冬天备受青睐,也就是现在的“茶泡饭”。《今昔物语集》中便曾记载:“冬天用餐应吃汤渍,夏天用餐应吃水渍。”

水饭 在姬饭上淋上冷水,使饭变软后再吃,这种料理手法常用于夏天。有时也会将干饭泡在水里再吃,还可称作“水渍”。

屯食 用强饭制作而成的握饭团。日文有时也会简称作“TOZIKI”(とじき),《宇津保物语》一书中便写道:“只有屯食十具。”在江户时代的《贞丈杂记》中也曾说明:“所谓的屯食,意指握饭团……是将强饭用力握成如鸟蛋般,带点椭圆形的模样。”在宫中或贵族府邸举行庆典等相关活动时,都会赏赐类似便当的食物。

饵饭 意指杂粮饭,一般是将五谷杂粮混入米中炊煮而成,也写作“杂饭”,有时也会单用“饵”一字来表示。无论是贵族还是官吏,一旦在工作上发生重大疏失以致穷途落魄时,就会从吃姬饭改吃饵饭。一般来说,饵饭为庶民的主食,从营养层面来看,比白米饭含有更多的维生素B群及矿物质等营养元素,更有益健康。

糒 日文也写作“干饭、乾饭”,这是将糯米蒸熟后干燥而成的食物,有时也会使用粳米、小米、玉米等谷物来制作。不但耐储存,热量也很高,还便于携带,《今昔物语集》中写道:“将干饭倒入饵袋中,再备妥坚盐、昆布等食材带来。”食用时会用热水或冷水泡发,再以盐等调味。

饷 与糒一样,但在旅途中使用的粮食会特别称作“饷”。因此除了干饭之外,有时也指握饭。

饼 即为年糕。饼是将蒸熟的糯米捣碎后制作而成。最具代表性的就是现在也能见到的白色圆形平饼,另外也包括大豆饼、小豆饼、胡麻饼,还有掺杂小米或玉米等食材的饼。江户时代的《本朝食鉴》中便有下述记载:“我国自古就会将饼制作成巨大的圆形块状,仿照镜子的形状,用来供奉神明。因此将此饼称作‘镜’,这样的制作方式或许正是在模仿八咫镜。”过年也有使用镜饼的习俗，在年节活动的固齿仪式中镜饼更是不可或缺。“齿”等同于“龄”这个字，固齿仪式乃是透过咀嚼坚硬的食物，祈求牙齿强健，长命百岁。在《源氏物语》的“初音之卷”（初音の巻）中也写道：“庆祝固岁之日，取来饼镜。”因此，无须多说，饼镜和镜饼是同一种食物。

日文称作“合”的副食

合就是现在的配菜，意指副食，日文有时也会称作“AWASEMONO”（あわせもの）或是“NA”（な）。因为合是用来搭配主食米饭的，身为配角，有时也会被称作“巡”（原本意指调味料）或是“周”。《宇津保物语》（藏开·下）一书中提及：“同じようなる金の坏にして、湯漬して、あわせいと清げにて外に参る。”意指搭配汤渍的副食。

参阅描绘公卿大臣宴会情景的《年中行事绘卷》即可发现，盛得高高的强饭周围往往放置着装着数种配菜的小盘子，这种小盘子就是合的容器。此外，在《病草纸》一书中有幅饱受牙痛之苦的男子绘画，在这幅图中木制方盒的上头有盛得高高的强饭，并搭配上汤品，还有四碟小盘子围绕在周围，小盘子里则盛装着鱼类及薯类等料理。

上述餐食可视为平安时代成人男性一人份的饮食内容，这类餐食的重点在于饭碗的右侧一定会有汤碗，饭碗的前方则会摆三个菜碗，形成“三菜一汤”的饮食模式。

饮食的和风化

清少纳言的《枕草子》一书中，曾出现当时工匠(木工)“一菜一汤”的饮食方式。日后演变成两菜一汤或三菜一汤，有“饭”有“汤”，然后再加上“合”。虽然不清楚会端出几道合，但这样的搭配肯定已奠定了和食的基本模式。

根据食器出土数量的比例推测，奈良时代的饮食模式为“三菜一汤”，但在进入平安时代后，才开始正式使用方盘(木制方盒)，并在上头摆放饭、汤品、配菜(合)。《枕草子》里“工匠的吃饭方式实在怪异”此一段落中，便介绍了男子的饮食方式，其概略译文如下所述。

> 观察工匠们的饮食方式，会觉得相当怪异。木工们在寝殿附近忙于建造新建筑，到了用餐时间便会成排坐下来。当家人准备好的餐点送上来后，望眼欲穿的木工们，先手握汤碗一口气喝个精光，再将空空的汤碗推出去放着。
>
> 紧接着又伸手直接将盛得高高的配菜(合)送进嘴里，不一会儿便吃到盘底朝天。本以为吃了这么多食物后，应该再也吃不下饭了，一看竟发现在短短几秒内，米饭便一粒也不剩，全部吃光光了。
>
> 两三个人全都是那样狼吞虎咽，想必这应该就是木工们吃饭的方式，令人难以置信，真是一群不讨喜的人呀！

文中的汤品与合，都是用来衬托米饭，让米饭变得更美味的配角，而文中的木工们则是先喝完汤，接着再将菜吃光，最后单吃米饭，所以作者才会如此惊诧。

盛得高高的米饭仅此一碗，无法像现在一样吃完再盛一碗饭。如此大分量的米饭，本以为木工们会用筷子翻搅一下再吃，没想到他们一瞬间就吃光了。

这种吃饭的方式看起来或许着实无趣，但是对于体力就是本钱的木工们来说，食欲旺盛正是身体健康的最佳证明。

保存至今的贵族饮食

在《枕草子》一书中登场的，除了食欲旺盛的木工之外，还有同一时代的贵族，这些贵族又是如何享用“合”的呢？事实上，贵族吃的配菜种类繁多，保存至今的也不在少数，列举部分如下。

生物　“生物”属于鲙这一类的食物，近似现在所谓的刺身。平安时代的生物包括雉鸡、鲤鱼、鳟鱼、鲷鱼等(《类聚杂要抄》)，看到这些即可明了，不只有鱼类，鸟肉也能料理成鲙直接生吃。依据《宇津保物语》所记载的内容：“生物、乾物、鮨物、貝物、たけ高く、うるはしく盛りて。”可知，生物正式盛装于食器中时，都会叠得高高的，并且习惯蘸着酱或酢等调味料，或是搭配生姜及蒜头等香辛料品尝。

《和名抄》中写道，“鲙”是切碎后的肉，有时会佐以蔬菜或调味料直接生吃，这也称作“生物”，而这种食用方式感觉很像现代的沙拉。

烧物　除了最原始的直接烧烤之外，也会使用铁锅、焙烙（低温烧制而成的土锅）及石头等间接烧烤。日文有时也会称作“炙物”，以鱼类、鸟类、动物的肉为主，但有时也会将这种烹调方式应用于薯类或白萝卜等蔬菜上。

将食材的水分适度烤干后，不仅可使食材味道浓郁，而且烤至金黄色泽后所产生的香气还能凸显食材风味。《今昔物语集》的《丹波国人之妻吟咏和歌》（丹波国に住める者の妻、和歌を詠みし語）一文中便曾出现下述内容：“煎物にしてもうまし、焼物にしてもうまき奴ぞかし。”

这个故事是在说，有名男子在深山里听见鹿悲惨的叫声，于是问妻子对于刚才鹿的叫声有什么想法。妻子于是如前文这般回答，意思是说无论煎来吃还是烤来吃，应该都很美味吧。男子见妻子的回答如此寡情，顿时爱意全无，便与妻子分手了。话说现在无论是烤鱼还是烧肉，无不大受欢迎。

煮物　只要备有作为锅釜用的土器，即可简单着手烹调煮物，所以自绳文时代开始煮物便被视为日常的基本料理，也成为家庭料理的原点。基本上蔬菜、海藻、肉类、鱼类等食材都会煮来吃。贵族食用的煮物，大多时候不会在锅中调味，而会盛装于容器后，再由食用的人自己取用桌上的酱或酢等调味料，依个人喜好调味后享用。

茹物　日文中所谓的“YUDE”（ゆで），汉字写作“汤出”，意指由热水中取出，例如将蔬菜等食材经由热水汆烫。平安时代的汉和辞典《和名抄》便将“茹”的日文发音念成“由天毛乃”（ゆでもの）。日文也可称作“SITASIMONO”（したしもの），即便到了现在，日文还是会将汆烫过后的蔬菜称作“OHITASHI”（おひたし）。

除了蔬菜及海藻之外，还可汆烫生大豆，而烫熟的生大豆就是现在水煮毛豆。

干物　意指日晒干燥的食品。主要用来称呼鱼贝类或鸟类等干货，但是有时也会用来称呼蔬菜或海藻等制成的干货。经日晒干燥后可使食材的水分挥发，便于储存，如为鱼贝类的话，由于干燥后其氨基酸会增加，因此鲜味也会倍增。《宇治拾遗物语》一书便写道："干鮭を太刀にはきて。"就是在说将内脏去除后晒干的鲑鱼。

楚割　将鱼肉切成细长状晒干的食品。常用作下酒菜或副食，但在食用时会依个人喜好切成小块后入口。由于制作时会切成细长状，因此日文也写作"鱼条"，《和名抄》中便针对"鱼条"做下述解释："須波夜利　本朝云楚割。"当时鲑鱼备受人们欢迎，不过鲣鱼、鲈鱼、鳟鱼、鲨鱼等鱼类也常被当作楚割的原料，甚至连鸟肉也曾被拿来制作成楚割。

腊　将小型鱼类整只晒干的制品。与现在整只晒干的沙丁鱼或竹筴鱼的鱼干一样。当时还有牡蛎等贝类的干货，或是煮豆的日晒干货。

醢　意指利用鸟兽鱼贝的肉，使之发酵熟成的肉酱或鱼酱，是将食材切碎再掺入曲或盐制作而成。类似现在的鱼贝类腌渍食品，发酵让食材的氨基酸浓缩起来，而使其鲜味倍增，适合用来下酒，也能用来下饭。

美女们的饮食习惯

美女最悲哀的莫过于人老色衰

小野小町为平安时代初期品德兼具的诗人,拥有出众的美貌,是一位愿为爱情粉身碎骨的热情女性。观察她的作品,会发现作品内容大多沉稳恬静,但也有不少诗歌既奔放又狂野。在《古今和歌集》中,便针对身为六歌仙之一的小野小町有深入的着墨,如下所述。

> 小野小町类似古时候的美女衣通姬,着实风情万种且纤细娇柔,真要形容的话,就好像因病所苦的千金小姐那副模样。而最柔弱的部分,就是女性所作的诗歌吧。

衣通姬这位美女也曾经在《日本书纪》里登场过,据说她的美丽透过衣服依旧光彩耀目。

传闻小町的美貌好比衣通姬,着实是个令人神魂颠倒的美人。在《古今和歌集》中,也留有小町闻名遐迩的作品:

花の色は移りにけりないたづらに

わが身よにふるながめせしまに

意思大略是说，花的颜色，还有我的美色，全都已经消失了。仔细想想，我这一身空壳早在不知不觉间，从头到脚都年老色衰了。在我沉迷于思虑之间，心不在焉远眺之时，花朵早已随着春天的漫长细雨逐渐凋散。

其实日子一久，不管如何美丽的女性，都会惊觉衰老的一刻终将到来。哪怕对年轻貌美巅峰时期的任性妄为后悔莫及，也还是无法逃脱年华老去后的孤寂，围绕在身边的人终将离去，因而有此感叹。

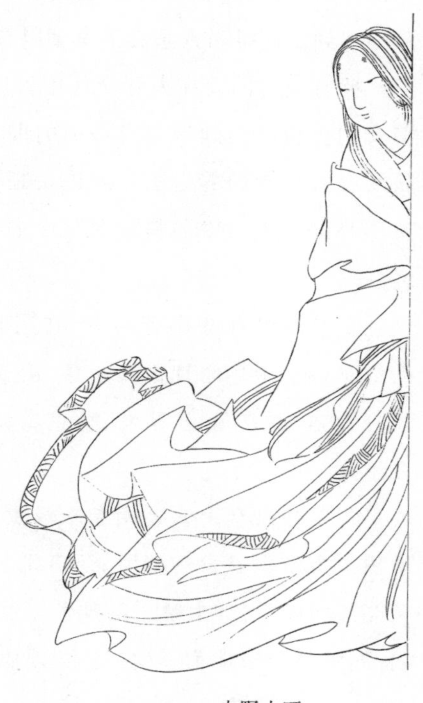

小野小町

像这样记录人生出现这般落差，使人引以为戒的故事，还有平安时代中期或末期所撰的《玉造小町子壮衰书》，内容主要在描述玉造小町这名女性起起落落，最终年老色衰的一生。我们在此要特别提出来的是，由于玉造小町在年轻时拥有出众的美貌，备受多金男士簇拥追求，极侈之时，满桌都是山珍海味。

玉造小町的熊掌美容饮食

《玉造小町子壮衰书》的作者虽然不明，但肯定是精通料理知识的人，因为书上出现的珍馐佳肴，即便为富有的贵族也无法轻易品尝得到。而且引人垂涎的豪奢料理，全由美丽的女子呈上餐桌。

拥有美貌的人在人际交往中可以获得不少的好处。如果一个美女的美貌能为她带来经济面的助益，那么她也许会留意预防肌肤及容貌衰老的养生法。或许正是考虑到这些原因，作者才会将玉造小町送入口中的料理撰写于书中，并赋予这些料理美容养颜之名。

玉造小町并非小野小町，在当时已口耳相传成为一个传说。列举于该书中的料理极其奢华，由玉造小町口中"衣裳极尽奢侈，饮食充盈"这句豪语看来，呈献给她的食物如下所述（仅做局部介绍）。

首先是以金碗盛装用赤米蒸煮而成的强饭，酒则是舀取绿色浊酒上方澄清部分的清酒；还有纸包鲫鱼、香鱼羹，清汤则是以鲷鱼烹煮而成；再加上晒干的鲑鱼以及鲻鱼干，甚至于还有鳗鱼熟寿司、鲔鱼酢味噌拌菜、鹌鹑羹、盐渍雁、雉鸡清汤，以及熊掌。此外，书中还举出蒸鲍鱼、烤文蛤、烤章鱼、卤海参、蟹螯、角蝾螺的肝脏等，这些料理全盛装于银盘中，摆放在金桌上。

费时享用完奢侈的料理之后，接着再慢慢地品尝美味的水果。而且似乎都是经过严选，全是香甜且美容养颜的蔬果，主要有下述这几种：五色瓜类、茄子、菱角、慈姑、去皮干栗、红枣、苹果、李子、梨子、杏桃、神桃、柿饼、橘子、柚子等美味蔬果。

食材中熊掌最具象征性，选用的多为富含胶原蛋白及氨基酸等营养成分的食材，的确颇具美容功效。食用的蔬果由于内含维生素C、胡萝卜素、抗氧化成分，所以也有助于预防老化。

但是无论如何想方设法维持青春美貌，仍旧有其极限，毕竟年龄就是最大的敌人。因此，供应豪奢生活的金主早晚还是会舍她而去。留下来的只有孤独与悲哀的老去年华，而这些描述美人年老色衰的故事情节，正是《玉造小町子壮衰书》的主旨。

多情和泉式部的味酱汁

在和食菜单中，最简单的搭配方式就是"一菜一汤"。放在主食米饭右边的汤品即为"一汤"，另外再配上烤鱼等菜色就成"一菜"。

汤品中会加入蔬菜等食材，再以味酱（后来的味噌）调味，不过味酱大多时候既是调味料，同时也是可以直接食用的配菜，类似这种味酱的使用方式，一直延续到战国时代。所以人们一般偏好用味噌来配米饭吃，或是作为下酒菜。

平安时代中期的和泉式部，人称"叙情诗人"，她热情开朗，偏爱这味酱的风味，在《和泉式部集》一书中着有下述诗歌，主题为"二月ばかり、味醤を人がりやるとて"，意指"二月左右，打算将味酱赠予他人”,主角为味酱。

花に逢えばみぞつゆばかり惜しからぬ
飽かで春にもかおりにしかば

一看到美丽的花朵,我便心荡神迷。虽然这味酱非常重要,但是一想到要送给如你这般美好的人,便一点都不可惜了。

和泉式部十分珍惜的味酱,直接吃想必应该也是极美味的。另外,还有下述作品,将楤木嫩芽及蕨类咏入诗歌当中。主题为“また、尼のもとに多羅というもの、蕨など、やるとして”,意指又将楤木嫩芽及蕨类送到尼姑那里去了。

見せたらばあはれとも言へ君が為
花を見捨てて手折る蕨を

看到这个请回想起我有多可爱,因为我为了你不去赏樱花,跑去拼命地采摘楤木嫩芽及蕨类。

楤木嫩芽及蕨类至今仍是人气颇高的山菜。当时,同样偏好用春天采摘的叶菜,料理成煮物或拌菜食用。和泉式部应该也是单靠味酱汤的配料,品尝季节的香气以及似有若无的苦味。

紫式部的握饭团

《源氏物语》叙述了光源氏的故事，他身为帝王之子，从皇子身份臣籍降下，改为一般臣民，赐姓源氏，为外表俊美的贵公子。作者紫式部乃活跃于平安时代中期的才女，随着《源氏物语》书中故事的展开，一路描写贵族的处事风格与生活细节，可惜饮食内容记述较少。

书中记述的贵族社会饮食习惯之一，就是"屯食"。日文称作"TONZIKI"（とんじき），但有时也会称作"DONZIKI"（どんじき）与"DOZIKI"（とじき）。意指用强饭制作而成的握饭。由于是将糯米蒸熟再握成蛋的形状，因此在《源氏物语》的"桐壶"里便写道："屯食和俸禄的唐柜多到没地方摆，数量比东宫成人冠礼时还要

多。”同书中的“宿木”章节中也提道:“五日の夜は大将殿より、屯食五十具……椀飯。”意指一般人通常会送屯食作为生下男孩时的产养(生子的贺礼)。如同“驻屯”等用词一样,屯食的“屯”字,也有众人聚集的意思。大多会在许多人集结的场合中,供应给列席宾客的随从食用屯食。屯食数量庞大,这也是因为宾客众多的关系。

屯食即为现在的握饭团,可拿在手上吃。而且据说屯食分两种,一种为荒屯食,一种为盛屯食。前者使用的米接近糙米的颜色,后者则是用白米制成的。盛屯食习惯盛装于木质容器中,但是荒屯食则会随意摆在树叶上,毕竟随从的身份也有高低之分,所以待遇并不相同。

正式的庆典或年节活动时,会将蒸熟的米饭高高地盛装于碗中,被称作“椀饭”,日文又称作“WANHAN”(わんはん)。想必紫式部也曾在某些场合吃过椀饭才对。

清少纳言笔下的平安饮食文化

众所皆知的女性随笔家清少纳言,于《枕草子》一书中提笔写下每天发生的琐事、节日习俗、季节更迭及饮食话题等内容,同时也记录着侍奉一条天皇中宫定子时的宫廷生活点滴。《枕草子》书中所撰述关于平安时代中期的内容,在生活文化史上被视为极其宝贵的记录。事实上,同一本书中也有许多由清少纳言记录下来的饮食习惯。

平安京自延历十三年(794年)迁都以来,直到明治维新为止,历经了1000年以上的繁荣盛景,大家应该也有察觉到,至今在京都仍留有平安时代的饮食习惯。《枕草子》书中记载的主要的食物如下所述。

若菜　在《枕草子》第三段的“正月初一”(正月一日は)一文中提道:“七日,在雪中采摘的若菜青翠无比。”这是中国传来的习俗,习惯摘取数种若菜后料理成羹享用。早春的若菜可提供维生素C,对人体健康非常重要。

望粥　在《枕草子》第三段记有“十五日は望かゆの節供まるり”这段文字,意指庆祝正月十五的望之日粥。农历十五日称作“望”(望月的简称,意指满月),传闻在这一天食用以七种谷物煮成的粥,就能趋吉避凶。虽然同为七种,但与七日的“若菜”并无关联。“节供”指的则是在节日食用的御膳(餐点)。

精进之物　在第五段的“思念之子”(思はむ子を)一文中有提道:“精進の物のあしきを食ひ。”意思是说,精进为钻研佛道,清身洁己,回避不净的意思,所以完全不吃肉,并且尽可能地少吃,仅食用修行所需的食物。以五谷杂粮、蔬菜、海藻及果实等食物为主。“あしき”就是粗陋之物,意指粗食。

朝饷　在第七段的“侍奉天皇ASHIKI的猫”(うへに候ふ御猫は)一文中有提到“朝饷之间”(朝餉の間),这是天皇简单进食的房间,但不限于只能吃早餐。

夜寝醒来时喝的水　这是在第三十一段的“舒神爽气之物”(心ゆくもの)一文中所出现的文字,内容是说半夜醒来所喝的水,实在令人感觉舒爽。想必是饮酒后入睡,到半夜才感到口渴。清少纳言理应为好酒之徒。

固齿　第四十七段的“树”(木は)一文中写道:“よはひ延ぶる歯固めの具。”意思是延年益寿的固齿食膳。“齿”同“龄”这个字,所以意指强健牙根,延长寿命。所谓的“歯固めの具”,是在新年喜庆

活动中食用肉类或年糕等坚硬食物，以避免牙齿脱落，属于祈求长生不老的祝贺餐点。首先会以镜饼供奉神明，接着再拿野猪或鹿的肉、香鱼、白萝卜等食物与年糕一同食用，以祈求长命百岁。

甘葛 第四十九段的章节中写道："削り氷の甘葛に入りて、あたらしき鋺に入れたる。"意指将削冰倒入甘葛中，再装入全新的金属制的碗里。这种碗大部分为银制的。甘葛为采取爬山虎的树液熬煮而成的甜味剂，也称作"甘葛煎"。削冰则是现在的刨冰。第四十九段的"感觉高雅美丽之物"（あてなるもの）中提到"削冰"，夏日会从冰室将冰块取出，加以削切后放入口中消暑。

莓 第四十九段的章节中记有"可爱小童吃着莓"（うつくしきちごのいちご食ひたる）这段文字，推测这里的"莓"应为木莓。

梅 第五十二段的"感觉不舒服之物"（にげなきもの）一文中，有段章节写道："歯もなき女の梅食ひて、すがりたる。"意思说的是，没有牙齿的老女人吃着梅子的果实，酸气逼人一脸，扭曲不堪，但是不知道吃的是生梅子还是腌梅子，不过可能性比较高的应为后者。

蓬 第六十七段的主题"草"（草は）全部都在描述青草，其中有写道"蓬十分有趣"（蓬いとをかし）。蓬为五月节日驱逐邪灵之用，属于野生的菊科，为多年生的草本植物，有时也会掺杂在年糕等食物中。

布 第八十八段的"退出乡村房舍时"（里にまかでたるに）一文中写道："台盤の上にあやしき布のありしを。"意为拿了放在台盘上的昆布。台盘为两侧备有四条长长桌脚的餐桌。"布"为海带芽、昆布等食用海藻之总称。

广饼 第九十一段的"中宫还住在御曹司时，在西厢"（職の御

曹司におはしますころ、西の厢に)一文中有提到“诸如广饼”(ひろき餅などを)。广饼是压成一大片的薄薄的年糕,推测是现在的伸饼。

甘栗　第九十二段的“美妙之物”(めでたきもの)中写道:“大饗の甘栗の使などにまるりたるを。”意思是大飨时甘栗使者会前来。“大饗”是指盛大的宴会,平安时代在宫廷或贵族府邸十分常见,有时也会临时举行大飨。“甘栗の使”则是在大臣举行大飨时,带着天皇恩赐的甘栗来到大臣家中的使者,由六名藏人担任。甘栗是将栗子蒸熟后,去除外皮干燥而成的食品,也称作“捣栗”。

MOTENASHI(もてなし)　接续上述的文字之后,出现了“もてなし”这几个字,意指宴客、款待。

饼餤　第一三六段的“从头弁那里”(頭の弁の御もとよりとて)一文中写道:“餅餤といふ物を二つならべて包みたるなりけり。”这是在说,将两个饼餤摆在一起包起来的食物。“饼餤”如同文字所示,属于一种年糕。依据平安时代的汉和辞典《和名抄》之解释,饼里头会包入用鹅蛋、鸭蛋或蔬菜等食材煮成的料理,然后切成四角形,应该较类似现在中餐里的肉包。

大根　第一六〇段的“无用之人掌权时”(えせものの所得るをりのこと)一文中记有“正月の大根”这一行字,此处的“大根”意指正月固齿活动中所使用的白萝卜。“固齿”如同前文所述一般,就是食用白萝卜等坚硬食物强健牙齿,以祈长寿的活动。

饵袋　第二十九段的“大きにてよきもの”,也就是“大的比较好”这段记述中提到,除了水果、家之外,还有“饵袋”也是大的比较好。饵袋原本为猎鹰时盛装老鹰诱饵的袋子,后来变成盛装人类食物以便随身携带的袋子,也就是便当袋的意思。毕竟是拿来使用的物品,所以太小的话并不实用,因此能够装入许多食物的大型饵袋较为理想。

AOZASHI(青ざし) 第二一六段的“在四条宫时”(四条の宫におはしますころ)一文中提道:“青ざしといふ物を、人の持て来たると。”意思是命人带来AOZASHI(青ざし)。AOZASHI是古代的一种甜点,将青麦,也就是未成熟的麦子炒熟后,去除外皮再磨成粉,捏制成细长状的食物。

汤渍 第三十七段的“男子来访侍女住处”(宫仕への人のもとに来などする男の)一文中载:“いみじう酔ひなどして、わりなく夜ふけて泊まりたりとも、さらに湯漬だに食はせじ。”这段话的意思是说,酩酊大醉后,夜深人静时,纵使男人想留宿,我也绝对不会端出汤渍来。接着还说,倘若男人因此厌恶我,我也无所谓。汤渍是将热汤淋在米饭上食用的轻食,在寒冷的夜晚最叫人喜爱。

汁物 第三一三段的“工匠用餐方式着实怪异”(たくみの物食ふこそ、いとあやしけれ)一文中有提到,工匠们习惯吃饭时一定要配汁物,“汁物”依照现在的说法应该就是味噌汤了,这点在“饮食的和风化”一章中已有详细说明。(上述内容基本上引用自小学馆日本古典文学全集的《枕草子》一书,由松尾聪及永井和子校注、编译,因此段落编号也参阅自此书。)

王朝美食与健康饮食

贵族偏好的乳制品

繁荣兴盛的贵族社会，促进了崭新的饮食文化的发展，而牛乳的制品也在其列。贵族的饮食内容大多使用清淡的食材，而牛乳会经加热后再加工，所以带有甜味及浓香醇厚的风味，深受贵族青睐。

有一种被称为“苏”（也写作“酥”）的乳制品，是将牛乳熬煮后制作而成的，是一种几乎呈固体状的食物。在平安时代的汉和辞典《和名抄》中便针对“苏”有如下说明：“俗音曾（そ，SO），牛羊乳所为也。”也就是说，苏的原料为牛乳或羊乳，不过大部分都是使用牛乳制作而成。

可惜《和名抄》中并未对苏的具体制法多做解释，但是同为平安时代的著书《延喜式》中有关于苏的做法的记载，详见本书第三章“爱喝牛奶且偏好乳制品的君王”一节。

笔者曾自己动手制作苏，苏的风味极佳，具有高级起司蛋糕或牛奶糖般的甜美味道，深受女性喜爱，可能为日本的奶油或起司的始祖。

牛乳加工的甜点

大家对于苏的功效评价甚高,平安时代著名的医书《医心方》便有如此说明:“常食乳、酪、酥,可养肌强胆,润泽肌肤。”奈良时代也会制作苏这种乳制品,由平城京遗迹出土的木简中便记载着“近江国生苏三合”;从长屋王的府邸遗迹中,也曾挖掘出标记“牛乳”的木简。

进入平安时代之后,宫廷及贵族之间的乳制品消费量增加,于是开始严格执行贡苏制度,使得苏在日本各地的产量也愈来愈多。

平安时代的法令集《延喜式》中,便记述着制作献给朝廷的贡苏做法。由此可知,东自常陆国(茨城县),西至九州岛的大宰府等诸国,都会制作苏进呈给朝廷。

而苏的原料牛乳,又是如何生产出来的呢?依据《延喜式》一书的记载,可得知当时奶牛的产乳量记录:“其取得乳者,肥牛日大八合,瘦牛半。”就是说,体型较为肥胖的牛一天可产出多达八合的牛乳,较为纤瘦的牛仅有一半的产乳量。依现在的分量来看,当时的一升大约为四合多。为了收集牛乳以制作大量的苏,一线的工人想必十分辛苦。

呈上的苏,会储藏在典药寮中,日后再视需求供应天皇家使用,此外也会分赠赐予大臣等级的高级贵族。天皇在大臣就任,或是新年由大臣主办的庆祝宴会等大飨中,都会赐予大臣苏。苏通常在庆祝宴会的中段被端出来,所以可顺便用来解酒,算是男人们的高级甜点。苏为高贵的食材,说不定有些贵族还会用怀纸(译注:折叠起来放在怀里备用的白纸)包起来放进怀里,当伴手礼带回家给家人吃。

酪为牛乳粥

继苏之后,再来说一下“酪”。酪也是将牛乳熬煮后浓缩而成的食物,在平安时代也被称作“牛乳粥”。于《延喜式》的“典药寮”章节中就曾提到“煮牛粥”,原料当然就是牛乳。《和名抄》中也有记载:“温牛羊乳曰酪,奶酪和名迩宇能可游。”从使用“粥”这个字便可得知,这里的牛乳并不是单纯加热而已,应该可视为烹煮后浓缩成粥状的食物。而《延喜式》一书中的“煮牛乳”,也有“牛乳粥”的含义在。

诚如“典药寮”所记载,酪为高贵的滋养强健食品,近似医药品。《医心方》一书也提道:“主要用来治疗热毒,止口渴,去除胸口灼热,以及身体与脸上的肿疱。”依照现在的说法,酪就是炼乳。当时的人们也会饮用牛乳,在《医心方》中最引人注目的饮用方式如下所述:“喝牛乳时,务必煮过,使之沸腾一两次,熄火等待冷却后,再以啜饮方式食用。”

芋粥也算是贵族的美食

酪为牛乳粥,而与其类似的食物,就是用山芋料理而成的芋粥。做法是将野生的山芋削去外皮后切成薄片,接着将味煎(甘葛的卤汁,以现在的说法可解释成类似糖水的食材)煮沸后,再将山芋倒进去熬煮,所以外观与酪相似,但是比酪更甜,应为类似甜粥的食物。这种高贵料理在平安时代仅有高级贵族才有资格品尝。

《和名抄》一书中便记有"薯蓣粥、以毛加由"这段内容,《今昔物语集》及《宇治拾遗物语》中也有相关记述。推估是在镰仓末期完成的《厨事类记》中,也有触及当时的料理的记述,书中对于芋粥的做法这样写道:"薯蕷粥ハ、ヨキイモヲ皮ムキテ、ウスクヘギ切リテ、ミセンヲワカシテイモヲイルベシ。イタクニルベカラズ。"(芋粥是将山芋去皮后切成薄片,然后将味煎煮沸再将山芋倒入,并且不能煮过头)"イタクニルベカラズ"是指不能煮过头,须用文火慢慢炖煮的意思。由于写作"芋粥"两字,因此有些书将其解释成内含米饭的粥,但是参阅《厨事类记》等书后,即可明白这是错误的见解。"芋粥"绝对是单纯以味煎熬煮山芋,带强烈甜味的粥状料理。

堆积如山的芋粥

平安时代的芋粥做法,在《今昔物语集》及《宇治拾遗物语》当中,都有借由故事情节加以描述的内容。利仁将军年轻时,在某一年的正月受邀来到摄关家的大飨。故事从这场宴会结束,仍在府邸的随从们正在吃着大飨的剩菜剩饭说起。

一个五位大夫(下级官员)混入随从们中间,他一边吃着芋粥,嘴里一边嘟囔说:"唉,真想吃芋粥吃到腻呀!"利仁将军听到这句话后,将五位大夫带到自己位于越前国(福井县)敦贺的私人旅馆内,盛大地烹煮了芋粥招待他。不过利仁将军准备了足以容纳一斗(按:一斗等于10升)芋粥的银制巨提(此容器类似具有把手的锅子,倒入水或酒之后可以吊挂起来加热)烹煮芋粥,最后让五位大夫看到芋粥就倒胃口。

以下为烹煮芋粥的过程：

> 搜集来五六个可容五石（按：一石等于180升）的锅釜，迅即打下支柱，安放妥当。正想看是什么材料时……下女们提着装水的白色新桶子前来，注入锅釜当中。乍看下不知在煮些什么，一看这水，原来是作为调味料的甘葛煎。
>
> 此外，有十余个年轻男人出来……拿着长长的薄刀，一边将芋皮削去，一边将芋头削成薄片。侍从想早点看芋粥是否已煮好，一看之下却完全失去食欲，甚至感到厌恶。芋粥"咕嘟咕嘟"继续炖煮着，终于有人喊着"芋粥做好了"！

上述文字是在说芋粥的料理方式实在奢靡，影响了五位大夫品尝的心情。进入平安时代后期之后，地方上出现了位高权重者，总爱炫耀自己的富奢生活凌驾于首都的贵族之上。

研磨胡麻制作浓厚酱汁

举凡苏、酪、芋粥皆为高价食物，而芝麻同样也属于昂贵食品。汉和辞典《和名抄》云："胡麻，音五万讹云宇古末。"由此可知，胡麻的日文也称作"宇古末"(UGOMA)，即为现在的芝麻。平安时代的《宇津保物语》一书中写道："芝麻可榨成油……其渣可取代味噌使用。"《和名抄》也记有"UGOMA"(うごま)这几个字，乌(U，う)意指乌鸦，说明胡麻像乌鸦一样乌黑，也就是黑漆漆的胡麻。

胡麻可以整粒直接食用，也能用来榨油，后者这种制品非常昂贵，价格超过白米的两倍。

平安时代所用的油也是以胡麻油为主，参阅《延喜式》一书即可发现，除了位于东北地区的国家会进贡胡麻油之外，全国上下几乎都曾进贡过胡麻油，可知胡麻油有多么重要。胡麻油不仅为不可或缺的灯油，同时也可食用及药用，备受珍视。

胡麻油可用来炸唐菓子，也会用来烹调油饼、煎物、油饭(《和名抄》中便留有"麻油炊饭也"等记录)。《宇津保物语》一书也写道，据说胡麻油的残渣还能用来取代味噌。想必是使用其残渣再加上盐等调味料加以调味，先不论味道如何，从营养的角度看，完成后的浓厚汤品肯定含有大量维生素B族及钙质。

作为养生食品的黑芝麻

《医心方》是在平安时代参考中国医书而撰著的医学百科，书中针对病理、养生，乃至于饮食等全方位进行解说，为日本现存最古老的医学著作。作者为丹波康赖(912—995年),其中的“食养篇”便记述了食物内含的健康功效。在“五谷”这一章节的前文中写道:“利用谷物、畜肉、水果、蔬菜类果腹时,这些便称作‘食物’,用于治疗疾病时,这些便称作‘药物’。”这便是在强调所谓医食同源的观念。针对芝麻的解说也十分详尽,将芝麻列为“五谷”这一章节之首,想必意味着芝麻对维持健康十分有效。

《医心方》书中对于芝麻的功效解说如下:“为治疗虚弱疲劳之病的重要食物,可滋补五脏,增进气力,润泽皮肤,充实大脑神经,强健肌肉骨骼。”此外,还提道:“久久服用一次,可活络身体,预防老化,改善视力。不但耐饿,还能延长寿命。”芝麻的挑选在书中也有提及,书中记载:“具光泽且颜色浓黑的芝麻名为‘巨胜’,此为上选。”书中还写道:“全部黑色的为佳,白色属劣等。”

的确,芝麻的黑色素为抗氧化成分花色素苷,所以越黑的芝麻其抗老化的效果理应愈好。此外,芝麻还富含维生素B1,所以也有助于缓解疲劳。芝麻中含有大量钙质,在强健骨骼上也十分有效。

大胃王贵族的水饭

将水淋在饭上,或是将饭泡在汤里的吃法,当时在贵族之间十分盛行,即为“水饭”与“汤渍”。在《古事类苑》(神宫司厅版)的“饮食部·饭”这一章节中,便针对两者的差异做了说明:“水饭是将夏季的饭泡在冷水里,或是将干饭泡在热汤或冷水里食用。自古便会将饭料理成汤渍,但是汤渍不会使用强饭,而会使用一般的米饭。”无论水饭还是汤渍,大部分都会搭配一菜,虽然以香物(渍物)居多,但是进入武士时代之后,也会搭配味噌(多为烧味噌)一起食用。

夏天人们会吃“水饭”,冬天常改吃“汤渍”。记载于平安时代后期《今昔物语集》里这篇《三条中纳言食水饭》(三条の中納言、水飯は食う事)的故事十分有趣,故事开头便写道:“从前有个三条中纳言,名叫朝成。”故事描述主人公藤原朝成不喜欢自己一个人活动,所以满身肥肉,而且除了缺乏运动之外,他还是个食量异常的大胃王。他在天气炎热时感到格外难受,于是找来了医生。医生跟他说:“冬天应吃汤渍,夏天应食水饭。”

朝成认为这是理所当然,当时正值夏季六月,因此向医生说:“你暂时留下,我示范吃水饭给你看。”并命令家臣:“拿我平常吃的水饭过来。”没想到摆在御台盘(餐盘)上送来的食物十分惊人。首先,食器上装着“白き干瓜の三寸ばかりなる、切らずして十ばかり盛りたり”(译注:食器上的白色酱瓜每条约莫三寸,盛放了十条左右),也就是酱瓜约有十条。

接下来是“鮨鮎の大きに広らかなるを、尾頭ばかり切りて三十ばかり盛りたり”(译注:身大而广的香鱼熟寿司,去除头尾,盛装三十块左右),这里指的鮨鲇,意指将香鱼与米饭一起腌渍,经乳酸发酵所制成的香鱼熟寿司,利用相同手法制作而成的鲫鱼熟寿司,至今仍流传于滋贺县。附带一提,如用切成薄片的鲫鱼熟寿司搭配茶泡饭享用的话,会格外美味。

医生也落荒而逃的肥胖原因

《今昔物语集》提到了朝成令人惊愕的水饭吃法,下面接着继续为大家做介绍。书中云:“またひとり大きなる銀の提子(装有

饮品的金属制容器)に、大きな銀のかひ(意指汤匙)を立てて、重げに持ちて前に据えたり。"(译注:一个大的银制容器里,立着大银汤匙,往前提过来时,看起来有点儿沉重。)意思是说家臣送上了汤匙。接着朝成手拿"金鋺"(金属制的碗),命令侍从:"装在这里。"从这部分开始逐步描写到朝成异于常人的食量:侍者把姬饭盛得高高的,周围稍稍注入水;中纳言(按:指藤原朝成)将柏子拉到近旁,侍者每次将金属质地的碗恭敬举起,他就用大大的手接下。大大的金属碗捧在他大大的手里,看起来并无违和感。

首先,他会吃掉三条酱瓜,然后再吃个三条。香鱼熟寿司则先吃两块,再轻而易举地吃下五六块。之后,他会把水饭拉近,只消挥动两下筷子,就把水饭都吃完了。他会说"再盛!",于是,侍者又把金属碗恭敬地递上。

细看了这一切的医生向他表示,纵使将饮食改为水饭,摄取如此多的分量是无法减肥成功的。医生连忙逃离,日后与人提起此事还大肆嘲笑。(这段故事也记载于《宇治拾遗物语》中。)

以充满爱心的汤渍为主角的欢喜故事

夏天吃水饭,冬天则改吃热乎乎的汤渍。清少纳言曾在《枕草子》一书中提及了当时的饮食习惯,其中就曾介绍过汤渍。平安时代后期主要描述藤原道长(966—1027年)一生荣华的历史故事《大镜》,在"太政大臣道长生涯故事"(太政大臣道長·くさぐさの物語)里,也有提到"汤渍"一词。在寒冷的十二月,众多僧侣集结在一起,为了暖和他们冰凉的身体而煮了汤渍,烹调中的每一个步骤皆十分用心,内容(译文)如下所述。

法成寺五大堂供养那天正逢十二月寒冬，在如此酷寒时分请来上百名僧侣，于是在御堂靠北的遮蔽之处，安排了僧侣们的座位。

这些座位就是为了这个时候，才会增建在御堂这里。提供给僧侣们的餐点并没有特别准备，只是请他们吃了汤渍。

侍从将100名僧侣以50人为一组设置座位，共分成两组。然后在御堂南侧立起鼎（釜的一种），再将热汤煮滚，接着放入米饭，最后将滚烫的汤渍分发给每一位僧侣。

僧侣们大概以为这汤渍只是微温，于是大口吞下，没想到竟如此烫嘴。所以，即便北风冻人，有些僧侣也不觉得多么寒冷，大口品尝着汤渍。

由于汤渍分装到一人份的碗里，在上菜途中恐会冷掉，因此当机立断一口气将米饭倒入用大型锅具煮滚的热汤中，于现场料理汤渍并趁热供应，大伙都吃得很满意。

第 五 章

镰仓时代的饮食

かまくらじだいのしょく

镰仓武士的粗食文化

令公家人惊讶的成堆米饭

贵族至上的时代延续了四百年之久，最后终于衰退，而过去一直从属于贵族的武士势力进而逐渐崛起。武家也分成平氏及源氏两大对立势力，将日本全国一分为二，不久后在东国培养实力的源氏居于优势。平氏继续在都城生活，渐渐成为贵族，因此无论是在精神层面还是在肉体层面，在源氏面前皆趋于劣势。

以源平之战为主，描述平家一门兴衰的《平家物语》一书，便在"富士川之战"此一章节中描述了源平作战风格之差异，书中写道："一旦出战便六亲不认，既然难免一死，不如奋勇作战。"叙述了东国武士战意高昂，反观对西国武士的描述却是："父亲阵亡便撤退举行法事，等到丧事办完再去出征，如果是儿子战死的话，就会因悲伤过度而无法上战场打仗。"这样看来，难怪平氏赢不了源氏的军队。同样在"富士川之战"此一章节中，也记载着平氏的惨败模样。

明日两军将兵戎相见，就在当天深夜发生了一件事。群聚在富士池沼的水鸟仿佛受到惊动，一齐振翅飞去。平氏军却误以为那些羽翼挥动的声音是源氏军预备在夜晚袭击而发出的，于是连忙逃走。与其说两军实力悬殊,不如说是输在人员士气。《平家物语》便清楚描绘出武士与贵族饮食习惯的差异,如下所示。

寿永二年(1183年),追赶平氏一族进入京城的木曾义仲阵营里来了位朝廷使者,他是公家的猫间中纳言光隆。当时正巧处于用餐时间,义仲命令部下将料理端上前来。

依据《平家物语》一书记载,摆在两人面前的餐点,包括“体积极为庞大的田舍合子(合子为附有盖子的朱漆碗),再加上堆得很高的米饭,御菜有三种,此外还搭配一碗平菇汤”。义仲津津有味地吃了起来,但是光隆却迟迟不愿动筷,再加上食器也相当简陋,因此对十分讲究料理的公家人而言,想必难以下咽。三菜一汤,这在武士眼中已是无上的美食飨宴,而且吃得又健康。但是精心准备的料理光隆最终一口也没吃,便逃命似的踏上归途。想来在京都的平氏一族在末期的时候,早就吃惯所谓的公家饮食菜色了。

让赖朝感动不已的鲑鱼干

源赖朝(1147—1199年)于建久元年(1190年)上京,晋谒院厅及朝廷。途中留宿在远江(静冈县西部)的菊河宿时,守卫佐佐木盛网将鲑鱼楚割摆在木制方盒上,并附上小刀送到赖朝面前。一旁的使者表示:“请您现在马上削来吃,趁新鲜品尝风味较佳。”于是,赖朝马上开心地品尝这份赠礼。想必风味应该很棒才是。

折敷を手に、自ら筆をとって

待ちえたる人の情も楚割の わりなく見ゆる心ざしかな

鲑鱼

据说，后来源赖朝便写了上述这首诗歌（出自《吾妻镜》）作为回礼。楚割是将鱼肉切成细长状后干燥而成的制品，食用时须用小刀削成个人喜好的大小后食用。

古时候，日本人将树木细枝称作“SUHAE”（スハエ），后来将新鲜鱼肉切成细枝状时，便以“SUHAEWARI”（スハエワリ）作为正式的称呼，另外“SUWAYARI”（スワヤリ）是它的别名。由于是切成细长状，因此也写作“鱼条”。

尤其鲑鱼楚割备受众人欢迎，因为成品色泽诱人且味道鲜美，价格也十分昂贵。对于首都的贵族而言，虽属于平凡无奇的干货，但对于地方上的武士来说，却是鲜有机会品尝到的佳肴。

镰仓武士餐点中的梅干

源赖朝扳倒平氏后，源氏武士虽如同之前的平氏一样成为贵族，却对势力疲软一事戒慎恐惧。于是，在建久三年（1192年）离开京都，于镰仓设立幕府。

过去关东在历史上一直不受重视，此时才开始与近畿并列，成为日本核心地区而备受关注。在赖朝手下展开的武家政治，到江户时代结束为止，持续了700年的光景，紧接着走入明治维新。赖朝为了建构武家政权的坚固基础，不容许御家人（译注：意指日本镰仓时代与幕府将军直接保持主从关系的武士）生活豪奢，就连掌权的北条时政及时赖皆贯彻此一方针。

承久三年（1221年）发生承久之乱，赖朝死后，朝廷军队为了打倒镰仓幕府军队，两军对峙不下。由于赖朝妻子政子的活跃，东国的御家人奋发兴起，攻入京都，打败了朝廷军。借由这场胜利，幕府军队名副其实压制朝廷，掌握全国政权。承久之乱后，武士的饮食模式似乎也产生了变化。

参阅描述镰食时代餐点风俗习惯的《世俗立要集》便可发现，武士的下酒菜会备有打鲍、海蜇皮、梅干这三种菜色，并搭配上盐及酢。梅干原本属于僧家饭菜，但从这个时代开始，也成为武士的餐点之一。这个习惯非常重要，日后，战国时代的武士也承袭吃梅干的习惯。江户时代，梅干更成为庶民的早餐，此外战争时期的梅干便当，现代的健康饮食中，梅干一直都受到重用，成为日本人维持长寿的一大利器。

由于武士们吃的都是捣至三分程度的糙米，咀嚼得愈久，浓淡适中的甜味愈会在口中扩散开来，或许这点正好和梅干的酸味搭配得天衣无缝。梅干的酸味属于柠檬酸这类的有机酸，具有分解并排出乳酸的作用。

北条时赖的下酒菜为生味噌

兼好法师（吉田兼好，1283—1352年左右）活跃于镰仓时代直至南北朝初期，在他的作品《徒然草》里，也有介绍镰仓武士与同时代人民生活情景的内容。最为人津津乐道的,就是北条氏五代时期时赖出家后皈依最明寺时的故事。

在某天晚上,时赖传一门的平宣时前来。由于是突然召唤,平宣时为了整装费了一些工夫,为此使者再度上门通知无须费事整装。于是,平宣时立刻出发去参见,结果时赖拿着酒壶及土器(直接烧制的酒杯)出现,说道:“一个人喝酒索然无味,所以才呼唤你来,但是最伤脑筋的是少了下酒菜。家里的人都已经睡熟了,把他们唤醒实在可怜,你可以帮我找找看那边有没有下酒菜吗?”平宣时找了时赖家里的厨房,发现架子上有个小小的土器装着味噌。平宣时回说:“我只找到这个。”时赖大为欣喜,便以这少量的味噌作为下酒菜,两人把酒言欢,尽兴忘时。

话说这治理天下的大人物,家中厨房竟然没什么下酒菜,仅剩下些许味噌。他们吃的味噌推测是以大豆作为主要原料,使用米曲、盐发酵而成的食品,在当时算是偏高价的调味料。在当初那个年代,大豆是军马不可或缺的饲料,因此庶民通常会用更便宜的原料制作味噌,以作为调味料使用。这种便宜的原料就是在《徒然草》一书中出现的“湛汰”:“後世を思はん者は、湛汰瓶ひとつ持つまじきことなり。”“後世”是指来世的安乐。这句就是说,想在来世拥有安逸生活的人,必须备有一只湛汰瓶。“湛汰”为糠味噌的旧称,日文也写作“甚太”。而盛装这种味噌的容器,即为湛汰瓶。

由于大豆属于价格昂贵的珍贵食品,因此才用增加米饭分量的米糠发酵制成湛汰,成为庶民的味噌。当连湛汰也无法使用时,便会以盐来代替。米糠富含维生素B1,不但有益健康,还能释放出特有的风味。现在一提到糠味噌,总会让人联想到糠渍,不过二者并不相同,话说在江户时代也会制造掺杂米糠的味噌食用。

以牡丹饼作为下酒菜

《徒然草》中也有介绍以"掻饼"作为下酒菜饮酒作乐的片段。时赖皈依最明寺后,到鹤冈的八幡宫参拜时,曾经顺路前往足利左马皈依的地方。后来在飨宴(意指主人招待客人享用美食)中端出了下述下酒菜。

一献 打鲍(将鲍鱼肉削成细长状,干燥后敲打成薄片状的干燥食品,类似现在的鱿鱼干,会撕开再吃,为备受武士欢迎的餐点,属于高价食品)

二献 海老(虾)

三献 掻饼

用来当作下酒菜的"掻饼",自古以来众说纷纭,有人说是用馅包起来的年糕,有人说是牡丹饼,甚至于荞麦掻等。最有力的一说,就是牡丹饼。牡丹饼通常是将糯米蒸熟后,用研钵粗略捣碎再揉圆,接着用红豆馅包起来,并撒上黄豆粉或芝麻食用。这就是牡丹饼及御萩的起源。

在日语中,掻饼的"掻"与"粥"的发音雷同,这大概是因为掻饼比一般的年糕口感更为柔软,因此才会用"粥"一字来表现,换句话就是"粥饼"的意思。掻饼不像正统的年糕,不过可以当场三两下制作完成,所以有时也会用来作为两餐之间的零食。

在镰仓时代初期的故事集《宇治拾遗物语》一书中,在"做掻饼时小儿假睡"(稚児のかい餅するに空寝したる事)这段章节里,便记载着比叡山的僧侣们为了打发入暮时分这段空档,于是制作"掻饼"的这么一段插曲。

过去和现在都一样，在比叡山，只要僧侣们没事做时，就会想来做搔饼，小孩子听见了都会很开心，但是这样空等实在无趣，所以小孩子总会装睡等搔饼做好。后来，一位僧侣对小孩子说："该起床了！"小孩子心想，叫一次就回应实在没意思，打算等僧侣再次出声叫他，没想到僧侣却说："既然睡着了，也不好再叫醒他。"接着，大口吃起搔饼，小孩子急得叫出声来，让僧侣捧腹大笑。

现在一提到"牡丹饼"，甜食爱好者肯定爱不释手，不过古时候有时也会拿它来当作下酒菜。甘味料在镰仓时代属于珍贵食品，因此推测当时使用的是带咸味的红豆馅，因此拿"搔饼"作为下酒菜也实属合理。

招待时赖皈依最明寺的第三道料理是搔饼，菜色虽然朴实，却很贴心地迎合了镰仓武士的口味。用搔饼作为下酒菜的习惯，一直延续到室町时代末期为止，尤其在公家之间颇为盛行。此外，推估是在江户时代初期，搔饼才开始改称为"牡丹饼"。

白萝卜为养生灵药

兼好法师的发言充满新鲜感且具深切影响力，他在《徒然草》中撰述的养生法，现代依旧通用，书中云："食は、人の天なり。よく味わひをととのへ知れる、大きなる徳とすべし。"（第一二二段）意思是说，食物对人类而言，如同上天一样，可维持生命，重要至极。懂得如何巧妙调味的人，应善加发挥其优势。这说明每天摄取的食物极其重要。《徒然草》（第六八段）一书中还记载了这样一篇故事。

九州にひとりの押領使(警察官)がいた。大根を万事によく効く薬だといって、毎朝かならず、二本ずつ焼いて食うこと、長年に及んだ。

ある日、屋敷に敵が押し寄せてきて、まわりをかこみ攻めてきた。苦戦していると、屋敷の中に見なれない兵士が二人あらわれ、命を惜しまずに戦い、敵を皆追い返してしまった。

押領使が、大変に不思議に思って、“一体どういうお方ですか”と聞いたところ、“長年の間、信頼して、毎朝召し上がっていらっしゃる大根たちでございます”といって、姿を消してしまった。

心から深く信じれば、このような功徳もあるものなのだろう。

九州岛有一位警官,他深信白萝卜是良药,每天早上一定会烤两根白萝卜来吃,这样的习惯行之有年。

有一天,他的宅邸有敌人入侵并且将他包围,正当他陷入苦战之际,宅邸内出现了两名未曾谋面的士兵,这两人不惜生命奋力抗敌,终于将所有敌军击退。

警官感到不可思议,于是开口询问:“请问你们到底是什么人?”没想到对方说:“我们是一直以来受您信赖,每天早上都会吃的白萝卜。”说完之后两人就消失了。

只要食用白萝卜并相信它的功效,一定会赢过吃药。

当时的武士三餐都会大量食用接近糙米的米饭,而白萝卜富含的淀粉酶，正好有助于促进米饭消化。

鲤鱼羹

进入镰仓时代末期之后，美食家出现，厨师（料理人）变得备受推崇。《徒然草》中便记述着反映这种世态的故事。

那位别当入道是名顶尖厨师，有他在的地方，一定会端出美味的鲤鱼料理呈现在客人面前。在场所有人虽然都希望这位知名厨师能用这条鲤鱼展现华丽刀工，但也有些犹豫，于是随口询问能不能换个菜色，别当入道是个不理会别人意见的人，回说："前阵子我立下心愿要连续一百天制作鲤鱼料理，当然今天也不能例外，请大家享用。"接着大显身手完成了料理。（第二三一段）

这段小故事据说是在批评那位别当入道，由于他的骄傲自满以至于后续发生了一些事情，无论如何，肯定还是会有厨师每天一成不变地端出鲤鱼料理。

镰仓时代的《厨事类记》中提道："生物（鲙）。鲤、鲷、鲑、鳟、鲈、雉。"以"鲙"来说，当时便经常使用到鲤鱼这种鱼类，而且雉鸡在当时也能生吃。兼好法师自己似乎也常食用鲤鱼料理，《徒然草》（第一一八段）一书就有下述记载。

> 鯉のあつものを食べた日は、髪の毛がほつれて、乱れたりしない。鯉は膠の材料にもなるほどのものだから、粘り気の強いものなのだろう。鯉は天皇の御前でも料理されるものであり、貴い魚なのだ。鳥では、雉が第一のものである。

有鲤鱼羹吃的日子,头发总是蓬松不凌乱。毕竟鲤鱼也能做成胶,所以属于黏性强的食物。甚至鲤鱼料理也会呈至天皇面前,属于珍贵的鱼类。鸟类则以雉为首选。

“あつもの”(羹)指热汤,以现在的说法,就是鲤鱼味噌汤。鲤鱼味噌汤为颇具代表性的鲤鱼料理,味道不但浓郁,而且汤汁浓稠又美味。

鲤鱼料理中含有打造美丽肌肤及乌黑秀发不可或缺的胶原蛋白,尤其在炖煮汤汁时胶原蛋白含量最为丰富,鲤鱼羹简直如同胶原蛋白汤一样。“鯉のあつものを食べた日は、髪の毛がほつれて、乱れたりしない。”(译注:有鲤鱼羹吃的日子,头发总是蓬松不凌乱。)这段说的正是鲤鱼料理中胶原蛋白的功效。

镰仓时代末期产生的味觉变化

镰仓时代末期,也就是即将进入南北朝时代(1331—1392年)之前,人们对鱼类的嗜好产生了变化。例如上流社会的人也普遍开始品尝海水鱼当中的鲣鱼,当然也包含生食。

以鲣鱼为例,当政权仍位于内陆地区的时代,众所皆知大部分食用的都是小鱼干状态的坚硬加工食品,不过当政权位于邻近大海的镰仓后,食用方式就变成直接生食鱼。时代的变化,在《徒然草》一书中也有记载。

当时,在镰仓海边所捕获的鲣鱼,在当地被视为极其珍贵的渔获而备受喜爱,但在过去却并非如此。依据镰仓的耆老所言:"这种鱼在我们年轻时,根本不会呈给身份高贵的人食用。而且鱼头的部分就连下人也不吃,习惯切下来扔掉。"可知鲣鱼在过去属于廉价的鱼类。然而到了镰仓时代末期,这种鱼却变得颇受上流人士喜爱,实在叫人不可置信。

话说在耆老年轻的时候,应该是五六十年前的事,在那之前鲣鱼只是无足轻重的鱼类,不料每个时代的爱好都不一样,如今人们也习惯生食鲣鱼了。

鲙(刺身的前身)的蘸酱,在《万叶集》中也有提及,除了"酱酢"之外,可能还会使用生姜酱等酱汁。酱为液体调味料,类似过滤前的酱油,所以与鲣鱼制成的鲙十分对味。只要鲜度够,鲣鱼鲙无论哪个阶层的人都会爱吃。

酒不只是百药之长

进入镰仓时代后,不但农业的生产力提升了,食品的流通也变得兴盛,生活逐渐丰裕起来。在诸国的市场里头,也开始买卖起酒来,就连庶民饮酒的机会也增加了。

兼好法师在《徒然草》一书中批评,虽然饮酒作乐并非坏事,但是一不注意恐怕丑态百出,丢人现眼,而且也有损健康,《徒然草》记载:"在这世上会发生许多不愉快的事,例如失去财产或罹患疾病。酒虽为百药之长,但是有不少疾病都是因酒而起。喝酒能忘记烦恼及悲伤,但是喝醉酒的人似乎反而会想起过往痛苦的回忆,而流下泪来。"

但兼好法师也会一再强调酒有许多好处,他提道:"在秋月夜晚，在冬雪早晨，在春樱花下，心情舒坦地谈天说地，顺便把酒对酌疗愈内心。”

中世纪的日本人大多爱好饮酒，因为对酒的期盼，才会催生“养老瀑布”(養老の滝)这般的民间传说。这个故事来自镰仓时代的《十训抄》一书，内容是在说涌泉的水变成了酒，故事大致如下。

从前在美浓国(今岐阜县)住着一个贫穷的男子，为奉养家中老父，于是上山伐木赚钱。老父嗜酒，早晚都要喝酒，为了买酒给父亲喝，男子不得不每天出门工作。

某天，男子上山砍木时，在石头上滑了一跤跌倒了，结果不知道从何处冒出酒香，他环顾四周发现，石头裂缝中竟冒出了水来，色泽类似酒，于是他尝了一口，确定是酒无疑。他将酒装入葫芦水壶中带回家，父亲分外欣喜，之后男子每次上山都会为父亲带酒回来。

这是一篇关于孝子的故事，口耳相传下备受推崇，于是山中的这座瀑布便被称作“养老瀑布”。

吃茶养生法与点心

荣西的《吃茶养生记》

吃茶方法，推测早在圣德太子时代便已自中国传入日本，在奈良时代至平安时代初期，经由遣唐使引进喝茶的习惯，但是当时的茶好比药一样非常贵重，因此并未普及。历经平安时代后，茶走上衰退一途，茶真正登上台面，却是在进入镰仓时代之后的事。

将吃茶方法传入日本的人物当中，最知名的就数撰写《吃茶养生记》的荣西（1141—1215年）。他是镰仓时代初期的僧侣，曾两度到访中国，与临济宗一同将茶种（另有一说为茶树）带回日本种植。当时的茶种被视为日本茶的起源，荣西会被称作“茶祖”，也是由此而来。

荣西带回日本的是“抹茶之法”，不同于古代的团茶或煎茶，抹茶并不是将坚硬的茶叶磨碎后，再加以熬煮或煎煮，而是将茶磨成粉后，溶于热水（煮沸的水）中饮用。经干燥精制后的茶叶，用小型石臼研磨成粉末状，接着注入热水，并以茶筅（译注：茶道中搅和茶末使其起泡的竹刷）搅动后饮用的吃茶法，即为“抹茶法”。

参阅《吃茶养生记》所记载的抹茶做法，可知茶叶会在早晨采摘下来，然后马上蒸煮使其干燥，接着彻夜烤焙，直到早上作业才会结束。依照这些工序完成的茶叶，只要密封在瓶中，就能维持茶叶的质量。饮用时再用石臼研磨成抹茶。

抹茶之法会直接品尝到茶叶的粉末，因此风味强烈，而且又能完全摄取到营养价值极佳的成分，因此有助于养生。

“茶为养生仙药”

让荣西提倡的“吃茶健康法”声名远播的，是镰仓幕府的三代将军源实朝，因为当时他喝了一杯茶便将疾病顺利治愈了。

记述镰仓幕府事迹的《吾妻镜》一书，于健保二年（1214年）的章节中提到，虽说源实朝罹病，但似乎是因为前一晚在宴会中饮酒过量导致宿醉，因此荣西在加持祈祷疾病康复时，向源实朝禀告备有一帖佳药，并呈上了热腾腾的抹茶。结果源实朝才喝了一杯，身体立刻感觉神清气爽，并且摆脱了不适。

荣西当场将详细记载抹茶功效的《吃茶养生记》奉上，据说大获源实朝的欢心。荣西在该书的“吃茶养生记序言”（吃茶養生記の序）一开头即说道：“茶为养生仙药，为延龄妙术。山谷长茶即为该地神灵，人们采茶即会长命百岁。”的确，茶叶富含延年益寿成效卓越的成分。老化即为身体细胞氧化，别无其他，而茶的涩味来源于儿茶素，儿茶素正好具有非常优异的抗氧化功效。茶叶还含有可消除压力的茶氨酸与提振精神的咖啡因，此外还含有维生素C，可提高人体免疫力。因此，茶叶确实是货真价实的“延年益寿之妙方”。

荣西身为禅师，同时也拥有帮助人们养生及治疗疾病的强烈的责任心，由这点来看，可以感觉到他似乎也自觉是名医师。荣西

养生法的基础,如下所述:

> 人类的五脏各有偏好的五味,均衡摄取才能长保健康。肝脏嗜酸、肺脏嗜辣、心脏嗜苦、脾脏嗜甜,还有肾脏嗜咸。然而人们吃柑、橘、柚的酸味,吃生姜、胡椒的辣味,吃砂糖的甜味,吃盐的咸味,偏好这四味,却鲜少摄取苦味,因此许多人皆因心脏疾病年纪轻轻便离世。想要强健心脏,摆脱疾病,最好应摄取茶的苦味。

目前已知,茶叶内含的咖啡因不但具有提振精神的作用,其强心利尿的效果也相当可期。进入镰仓时代后期之后,茶从禅院、武士推广至庶民之间。佛教故事的《沙石集》中,便记载着养牛男子向僧侣询问茶具有何功效的故事。

茶具

点心的普及

镰仓时代在和食历史上的定位,可说是崭新的饮食文化粉墨登场,并开始拓展的时代。不但吃茶风气兴盛,素食料理的影响力也在武士之间变得十分显著。此外,点心的出现,以及零食文化的普及,更成为这个时代的特色。

吃茶的源起时间与禅宗相同。而素食料理为僧家避免肉食的一种饮食方式,点心也是一样,久而久之影响到午餐,甚至关系到现在的零食文化。

镰仓时代是个受禅宗强烈影响的时代,甚至扩及生活文化。进入镰仓时代后期之后,擂钵及擂棒普及,除了味噌汤之外,拌菜及芝麻料理等素食料理都变得更加多彩多姿。这些新形态的饮食文化,在后续时代中也受到重视,即便在现代的和食当中,它仍占有一席之地。

当时的用餐次数,基本上为一天早晚两次,但是对于修行严苛的僧家而言,仍需要零食补充体力。这时所吃的零食就是"点心",这种饮食文化起源自僧家,进而融入一般人民的生活当中。

江户时代的《贞丈杂记》中便针对点心有如下说明:"早晚餐之间所食用的乌冬面或是年糕等食物,古时候称作'点心',现在称作'中食'或是'胸休'。"即为空腹时暂时用来填饱肚子的轻食。现在则将中国料理的轻食,诸如饺子或烧卖等点心也囊括在内。

羊羹与馒头

在南北朝时代后期至室町时代初期所撰著的往来物(教导协助日常生活相关知识的教科书之一)《庭训往来》中,便有提到当时的点心,不但点心种类众多,且备受喜爱。《庭训往来》载:“砂糖羊羹、馄饨、馒头、索面、棋子面、卷饼、温饼。”这部分最为人瞩目的是“砂糖羊羹”,同书中也会单纯使用“羊羹”二字来表示,刻意称作“砂糖羊羹”的用意,是因为在当时这种点心实属珍贵。

砂糖羊羹　当时,砂糖全部须从国外进口,为价格昂贵的珍贵食品。推测普通的羊羹虽然也具备该有的甜味,但是平安时代惯用的甘味料应为甘葛(树液经熬煮后制作而成的糖浆状甘味料)等食材。因此,当时的羊羹并非今日常见的炼羊羹,而是蒸羊羹。以“羊羹”二字作为点心名十分不可思议,照字面解释的话,是用羊肉煮成的羹,也就是热汤的意思。原本这是由中国传入的肉类料理,但在日本将之改良为素食料理后,便成了点心类的羊羹。既为素食料理,当然无法使用肉类。于是便以红豆作为主要原料,再使用葛粉、米粉及甘味料等食材,料理成红色的成品,借此制作出类似羊肉的红色食物,命名为“羊羹”。

由于使用了高价且珍贵的砂糖才能完成这道砂糖羊羹,因此在和食历史上尤为重要。一直到了江户时代,砂糖进口量增加,并进而国产化之后,内含砂糖的羊羹才自然而然普及开来,甚至成为博学多识的隐士必备茶食。除了羊羹之外,其他点心的介绍如下所述。

馄饨　古代日语将馄饨称作“UNTON”(うんとん),但是进入

南北朝之后，逐渐变成和现在一样称作“UDON”（うどん）。UDON（うどん）的起源有许多疑点，但有一说是由古代传来的唐菓子发展而成，并在日本加以改良；另有一说是进入镰仓时代后，将面粉加水揉成团后擀平，并用菜刀切成方便食用的粗细及长度，再用热水煮熟后食用。无论哪种说法，皆十分投合日本人的喜好，并且普及开来。

馒头　馒头与羊羹齐名，号称“和菓子双璧”之一的点心就是馒头。馒头也被用来当作禅寺的点心，原本属于中国传入的食物。据说在南北朝时代初期，林净因跟随远渡中国的禅僧来到日本，为日本带来了馒头的制法。

馒头也和羊羹一样，在中国原本皆内含肉类食材，由于僧侣不允许吃肉，才会将内馅改成红豆，制作出独特的点心。内馅会使用红豆的原因，是因为其色调与肉类相近，而且红豆馅也十分迎合日本人的口味，因而备受欢迎。当初，除了内含砂糖的红豆馒头之外，还有菜馒头，后者一般会蘸着用味噌调的汤汁食用，类似现在的菜包。

索面　索面的起源众说纷纭，其中一种说法认为索面是源自奈良时代唐菓子之一的索饼，或是被称作“麦绳”的食物，用面粉混合米粉揉制而成。另一种说法则认为，索面的做法是在镰仓时代由留学僧侣带回日本的。制作时会将面粉加水揉成面团并搓圆后，再将面团涂油同时搓成细长状，推测接近现在的索面。江户时代的《本朝食鉴》中，针对索面的说明如下所述：

索麺はそうめんとよむ。つまり、索麺である。索は縄をなうという意味がある。今では、索に素の文字を当てているが、素には白いという意味もあるから、素麵とかいても、索麵と同じことである。

索面读作"SOUMEN"(そうめん),"索"是绳索的意思。现在,"索"字讹成"素"字,而且"素"有"白"的意思,因此索面也可称作"素面"。

索面细长且呈白色,所以用"素面"二字来表示也相当合理。为了使索面成为耐储存的食品,以便随时食用,因此需要将其挂在竿子上干燥,为了便于晾挂,会将索面搓成细长状。在寒冬时节,"入面"(煮面)也就是煮索面来吃的习惯也十分普遍。

棋子面 虽然日文将棋子面称作"KISHIMEN"(きしめん),但与现在的名古屋特产扁平面有所出入。棋子面是将面粉揉成之后,以竹筒压切出围棋子的形状,煮熟后撒上黄豆粉来吃。

卷饼 卷饼日文也称作"KENHIYAKI"(けんひやき)。这道料理似乎较为奢华,酥香又美味。卷面是将面粉、砂糖、核桃、黑芝麻、味噌酱汁等食材拌匀后,以铜制平锅烧烤,然后卷成长筒状再切成小块的甜点。

温饼 温饼日文也称作"ATATAGE"(あたたげ),属于汤饼的一种,虽然并不十分明确,但是有一说温饼是属于在温热状态下食用的年糕类甜点,还有一说是将微尘粉(糯米蒸熟后晒干,再研磨成粉状)添加甜味料后塑型而成的甜点。传说这是将砂糖及山芋泥加入微尘粉中,再压出形状的云平糖,想必是相当费工夫的甜点。

一说到素食料理,一般都会联想成粗茶淡饭,事实上素食料理不但讲究外观，料理的名字也是充满创意，在味道上更是煞费苦心，专注于料理的美味度，以赢取用餐者的欢心。个中的努力，在下述汤品中便可一窥堂奥。

御时汤为豆腐汤

素食料理也非常重视用来搭配米饭，或是呈给集会客人享用的汤品。这时候的汤品称作“时（斋）汤”，《庭训往来》一书有记载：“御时汤包含豆腐羹、辛辣羹以及雪林菜、薯蓣、豆腐、笋萝卜、山葵冷汁。”

御时　时也写作“斋”，意指僧家的饮食，不过提供给参加法事等佛教仪式的人所食用的餐点，也称作“御食”。如为后者，特别习惯用“御时”来称呼。《徒然草》第六十段便有提及一位非常爱吃芋头的僧侣，文中写道：“不管是不是在吃斋的时间，我都会如常吃芋头。遇上我嘴馋时，无论半夜还是清晨都要吃芋头。”

豆腐羹　羹为热汤、汤品的意思。“豆腐羹”如字面所示，即为豆腐汤。《庭训往来》所提到的“豆腐”，是“豆腐”第一次出现在日本文献上，从饮食文化史的角度而言，尤为重要。经研究发现，豆腐从镰仓时代结束之际，通过素食料理演变成了日本通俗的大豆加工食品。

辛辣羹　辛辣羹指重辣口味的汤品。

雪林菜　雪林是制作豆腐时出现的残渣，即豆腐渣、豆渣。只要有豆腐自然就会产生豆渣，所以会用这些豆渣制作料理。

薯蓣　意指山芋泥。

豆腐　豆腐从此时开始逐渐普及。

笋萝卜　笋萝卜应为将竹笋及白萝卜切碎后料理而成的汤品。

山葵冷汁　山葵产于夏天,山葵冷汁推测是运用山葵爽劲辣味料理而成的冷汤。

备受珍视的大豆

对于不吃肉的僧侣而言,必须为了摄取蛋白质绞尽脑汁,最后发现肉类的最佳替代品为珍贵的大豆。由于摄取大豆对健康帮助良多,因此素食料理中有许多大豆加工食品。因为大家都知道,只要吃了大豆,即便不吃肉,也和吃荤的时候一样,身体状况会愈来愈好。

大豆食品五花八门,诸如煎豆、煮豆、豆粉(黄豆粉)、味噌、豆腐、豆酱、纳豆等,皆深受武士喜爱,在庶民的饮食生活中也占有一席之地。平安时代的医术书《医心方》也针对摄取大豆后的功效写道:"大豆炒熟后磨成粉,味甘,可治胃热消肿胀。"或是"改善排便",还有"蒸煮后食用,其营养效果远优于米,久久吃一次可强健肠胃"。

大豆约有35%为蛋白质,具有均衡的氨基酸,这点与肉类不相上下。再加上还有味噌及纳豆等发酵食品,因此只要善加运用大豆,单靠素食料理也能维持身体健康。镰仓时代前期的《古事记》为当时的故事集,收录了许多珍事奇谈。其中有段故事与爱好煎豆的慈惠僧正(良源)有关。

近江国(滋贺县)浅井的郡司为佛教法事邀请僧正,并且准备了僧膳(招待僧侣享用的饭菜)。郡司在僧正面前将大豆炒熟后,淋上了酢。僧正问郡司为何要将酢淋在炒熟的大豆上，郡司回说："这种煎豆的食用方式叫作'酢愤'，将酢淋在煎豆上，煎豆就会变得皱巴巴，方便用筷子夹取，如果不淋上酢，煎豆就会因为太滑而夹不起来。"僧正表示不需要如此费事，用筷子夹煎豆对他而言轻而易举，还说："就算把煎豆扔过来我也能夹得住。"于是，郡司依他所言将煎豆丢了过去，僧正逐一将飞过来的煎豆夹住给郡司看，据说当时周围的人无不瞠目结舌。

同一个故事也收录在《宇治拾遗物语》中。"酢愤"这个表现方式十分有趣，据说是只要将酢淋在煎豆上，煎豆表面就会变得皱皱的，宛如幼儿闹脾气的表情，因而使用了"酢愤"二字加以称呼。其实，僧正平时就有吃煎豆的习惯，精通筷子的用法，所以能用筷子轻松夹起煎豆。

《庭训往来》的素食料理当中，也有将煎豆及纳豆记入其中。书中所提到的纳豆，并非会牵丝的纳豆，而是使用曲菌盐渍发酵而成，所以即便到了现在，大德寺纳豆仍广为人知。素食料理的菜色种类繁多，《庭训往来》中记载："菜は、繊蘿蔔、煮染の牛房（译注：卤牛蒡）、昆布、烏頭布、荒布煮。"素食料理中海藻类占了多数，比

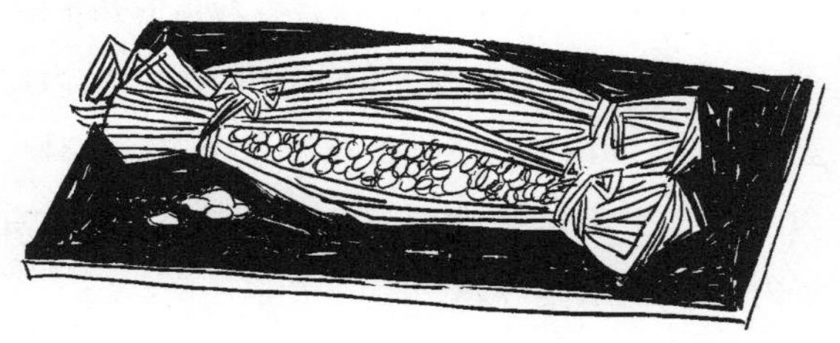

纳豆

方像是青苔、神马藻的曳干、甘苔、盐苔。文中“繊蘿匐”指白萝卜丝，也是“千六本”（译注：比切丝稍粗的一种切法）的词源，萝卜就是日文所谓的大根；乌头布及荒布煮皆为海藻炖煮而成的料理；神马藻即为微劳马尾藻；苔则与现在的海苔相同。

饮食文化的拓展

农业生产力提升

进入镰仓时代中期，农业的生产技术也进步了。稻米收成后，还开始种起麦类，一年两作。此外，稻米的品种变多，甚至有秧田出现，使得稻子得以茂盛生长，收获量增加。这时候更开始使用牛马耕作，而且为了有效率地将水引入水田，也开始使用水车。

日本各地纷纷推出特产，而这些特产都是运用当地存在已久的产物制造而成。所以原本属于自产自销的产品，也开始向外贩卖。虽然有些产物必须上缴作为某种税金，但是市场还是逐渐在各地形成起来。市场遍布全国各地，且大多设置在寺院或神社前方、国家或庄园政府机构所在地、大街或港口这类人口聚集场所。市场上除了买卖米之外，还会进行谷物、鱼类、果蔬等食材，以及布料、工具之买卖。

都市周边所种植的蔬菜类也变得多样化，举凡白萝卜、芜菁、茄子、牛蒡、青葱、蒜头、韭菜、芋头、山芋、生姜等蔬菜皆有流通，这些蔬菜还端上了庶民的餐桌。人们将自己想要贩卖的物品带到市场上，再各自购买需要的物品回家。为了达到销售这个目的，也出现了勤于制作当地名产的人，使这个时代日渐充满活力。《庭训往来》一书中提到了各地的名产品，如下所述。

> 在越后（今新潟县）有盐引，这是用信浓川所捕获的鲑鱼盐渍而成的制品，在京都颇有人气。还有隐岐（今岛根县）的鲍鱼、周防（今山口县）的鲭鱼、近江（今滋贺县）的鲫鱼、淀的鲤鱼（产自淀川）、备后（今广岛县）的酒及宇贺（今北海道）的昆布等。

《宇治拾遗物语》一书中的《大童子窃鲑》（大童子鮭ぬすみたる事）一文，正是在描述有个顽童潜入从越后运送鲑鱼至京都的队伍中，偷了鲑鱼的故事。故事是说，约莫有20头马驮运大量鲑鱼前往京都的途中，在栗田口一带，有个相貌诡异的大童子钻入了马群拥挤的行列当中，还偷了两条鲑鱼。

在当时，无论贵族阶级、武士还是庶民，不管是在京都还是在市场，鲑鱼都是人气鼎盛的鱼类。因为鲑鱼不管是晒成干货还是以盐腌渍，它鲜红色的肉质皆十分鲜美，而且也很下饭。至今日本人对于鲑鱼的喜好程度，丝毫没有任何改变。

向往的白米饭

在《庭训往来》一书中曾经提到，米糠也可以食用；还有《徒然草》一书中记述了湛汰味噌的相关故事，而湛汰味噌就是以米糠为主要原料制成类似味噌的调味料。米糠大量出现，代表有某一阶层的消费者已经在食用去除米糠后接近白米状态的米饭了。虽然庶民阶层因为价格原因无法经常食用白米，不过当时已经演变成来到市场就有白米贩卖，想买白米就能买得到的年代。

《宇治拾遗物语》中有介绍《麻雀报恩》(すずめ報恩の事)这篇故事。故事是说，有个葫芦可以无穷无尽地变出白米来，让人可以每天尽情享用。

麻雀受了伤飞不动，跌落在地面上，一位好心的老婆婆走过来救了它。麻雀恢复健康后，为了报恩而叼来了一颗葫芦籽。老婆婆将种子撒在泥土上，结出了许多硕大的葫芦，老婆婆尝过之后发现非常美味，于是好心的老婆婆便分了一些给邻居吃，大家都吃得津津有味。

老婆婆将吃不完的葫芦吊在家中，打算制作成容器，结果拿在手中感觉非常沉重。老婆婆觉得奇怪，打开葫芦洞口一看，发现里头有白米像流水一样冒出来，一下子便堆积如山。多亏了这些米，让好心的老婆婆变成了一个很富有的人。

隔壁的老妇人见到老婆婆的奇遇，自己也想变成有钱人，于是拿石头扔麻雀，故意害它受伤，接着照顾受伤的麻雀，并命令麻雀叼种子回来送她。不久后老妇人打开长大的葫芦一看，结果里头冒出来的不是白米，而是虻、蜂、蜈蚣、蛇等毒虫，欲求不满的老妇人被毒虫刺伤，不久后便去世了，真是可悲。

最后这篇故事便以“总之，人不可以贪心过度”画上句号。

对庶民而言，白米是令人向往的米饭，因为白米就是比捣过的浅色米饭来得美味。当提升稻米产量的品种出现后，米饭在城市便不再像过去那样难以取得了。

镰仓时代中期之后，稻作物开始被区分成粳米、糯米、早稻、晚稻等类别进行耕作。粳米就是人们平时食用的米，炊煮后黏性较糯米差，现代日本人的主食也是这种粳米，日文称作“URUCHI”(う

るち)或是“URUCHI(うるち)米”。

糯米可用来制作年糕或强饭,通常用于节庆喜事的场合,黏性较强。早稻为较早开花结穗成熟的品种,晚稻则是结穗及成熟时间较晚的品种,但是从镰仓时代开始,才区分成早稻及晚稻投入生产。这么做是为了防止寒害及干旱,属于考虑到夏天及秋天的气候条件,为提升生产量所作的技术革新。

粥的健康效果

镰仓时代一开始,在荣西及道元(1200—1253年)等人的影响下,禅宗被发扬光大,吃茶及素食料理也融入了武士及庶民之间。道元禅师依据在中国留学期间的体验,撰写了《典座教训》及《赴粥饭法》等书。“典座”意指负责为修行僧制作餐点者的职事名,备受重视的原因,正是因为每日的饮食为支持人类生命最基础的一环,更成为左右身体健康的首要考虑。因此,被任命为典座的人,通常会热心学习佛法,本身也必须是努力追求完美人格的卓越人物。

《典座教训》云:“一粒米也不能浪费,洗米时产生的淘米水更不能随意丢弃。”并说明淘米的方法:“过去会将过滤淘米水的袋子称作‘漉白水囊’,绑在水槽排水口备用,用来过滤淘米水。”并提到了“过去会以淘米水煮粥”。

实际尝试用淘米水煮粥之后,会发现可尝到粥的甜味,且粥变得更为浓醇可口。当时由于米的捣精度低,附着的米糠也多,淘米时将这些米糠倒掉的话实在可惜。倘若回收再拿来煮粥,不仅粥的味道会变好,营养价值也会提高。因为米糠中富含维生素B1,有助于预防脚气病及消除疲劳。

在禅寺，早餐会吃粥，而食粥具有十种功效，在吃了粥之后，“烦恼全消，还能获得无比的安乐”，以下就是说明食粥功效的“粥有十利”。

> 一には色、二には力、三には寿、四には楽、五には司清弁、六には宿食を除く、七には風を除く、八には飢が消える、九には渇が消える、十には大小便を調適す。

> 一是脸色变好，二是有体力，三是延年益寿，四是不会过食所以身体轻松（大概意指低热量），五是谈话轻松愉快，六是防止胃部不适，七是避免感冒，八是不会饥饿，九是不会口渴，十是大小便顺畅。

有些僧都光吃芋头

自江户时代开始，才从外国引进地瓜及马铃薯，并开始加以种植，而在镰仓时代一提到薯类，多以芋头和山芋为主。山芋是山中野生的薯类；芋头则是在乡间田里栽种的薯类，也称作“家芋”。平安时代的汉和辞典《和名抄》便介绍芋头为“和名は以閉都以毛”，也就是家芋的意思。

芋头生长在内陆地区或高山部落等地，属于重要的食材。除了耐饿之外，由于主要成分为高热量的淀粉质，因此这种薯类才能用来取代谷类粮食。所以芋头自古就会被用来代替主食，或是料理成煮物端上餐桌。如今在中秋月圆时节，仍有不少地方会将芋头摆在方形案上作为供品，过新年吃的杂煮中也一定会使用芋头，因此芋头这项食材的地位十分重要。《徒然草》第六十段中,便有偏好芋头的僧都诙谐登场。

新乘院有位和尚相当特别,名叫盛亲僧都。他最爱吃芋头(芋头有一大块的根部,周围会长出许多子芋,因此俗称芋头,意指母芋),即便在讲经时,也会装一大碗堆积如山的芋头摆在膝边,一边吃着芋头一边诵读经书。

当盛亲僧都生病需要疗养时,会躲在自己房里,挑选自认为质量较佳的芋头吃,并且吃得比平时更多,认为所有疾病光靠吃芋头就能治愈。他不曾将芋头分享给他人食用,总是一个人品尝。他的师父临终前给了他两百贯钱以及一间寺庙,他却将寺庙以一百贯钱售出。

盛亲僧都拿着最后这三百贯钱(钱是以铜等金属铸造而成的货币。一贯为一百疋,因此三百贯为三万疋),也就是三万疋作为购买芋头的费用,并将这笔钱交给了住在京都的朋友,每次取十疋,让他得以随心所欲地享用芋头,这段时间他并没有其他花费,没想到后来钱竟然全部花光了。世人于是嘲讽他:“这么穷的人白白获得三百贯这一大笔金钱,没想到如此挥霍,还真是走火入魔。”

保存至今的镰仓武士的饮酒方式

自镰仓时代开始,有武士出现的酒宴场合形成了一套劝酒及受酒方式。虽然多多少少有些变化,但是即便到了战国时代,武士在酒席场合的习惯还是基本不变的。不仅如此,现代依旧承袭着这套做法,比方如今仍惯用“一献呈上”这句话向来客劝酒。

说到“一献”,代表除了会端出酒之外,还会备齐佳肴的意思,呈上方式也有一套规则。意思是说，会先请客人享用第一道佳肴，同时注入三杯酒。等到客人喝完三杯酒后，再将第一道餐盘及酒杯撤下，到此一献便算结束。

接下来，会端出二献的酒及佳肴。在一边品尝第二道佳肴的同时，一样会注入三杯酒，待客人喝完酒后再将杯盘撤下，然后端上三献的酒及佳肴。

依照这种模式将三献完成一轮后，饮酒次数将达到三乘以三等于九次。在现在的结婚仪式当中，也承袭了“三三九度”的形式，因此武士饮酒的习惯，便以这种模式代代相传。

削物下酒菜

《庭训往来》云：“初献食物包含海蜇皮、熨斗鲍、梅干。”诚如前文所介绍的一般，初献无论如何都会端出佳肴还有酒，等三度劝酒后再收回酒杯、酒壶，这便称作一献。《庭训往来》这里提到的初献佳肴，据说有海蜇皮、熨斗鲍、梅干。有关海蜇皮的吃法，在江户时代初期的《料理物语》中记载着“拌菜、酢泡、清汤”，海蜇皮大多会经盐渍或晒干后，再泡发料理成拌菜。

熨斗鲍是将鲍鱼肉撕成长条形的薄片，晒干后再敲打成一大片。原本为仪式中使用的菜肴，日后为了取其延长之意以示祝贺，才开始用来作为礼品及初献佳肴。熨斗鲍具有高级的鲜味，用作下酒菜也十分受欢迎，尤其在武士出阵式中不可或缺，此时一定会端上海蜇皮、熨斗鲍，以及传统的梅干。

接下来要介绍的是“削物”，虽然削物大多被当作下酒菜，但是拿来配饭也是备受人们喜爱。削物是将鱼肉等食材晒干使之变硬的食物，会削成小块再食用，但有时也会以削好后的状态盛盘。削物当中最先令人联想到的就是干鲣，这是只取鲣鱼的鱼身部分，经煮熟后再加以干燥所制成的食物，口感坚硬。自奈良时代便广泛食用干鲣，干鲣接近长霉前的鲣鱼干，且和现在一样，都会削下来食用，富含鲜味成分的谷氨酸，因此风味极佳，颇受大家青睐。

还有圆鲍，这是将一整颗鲍鱼晒干而成的食品，运用当时惯用的白干制法制成，口感相当坚硬，必须削下来才能食用。在平安时代也留有“干鲔”的记录，自古便是颇受欢迎的配菜或下酒菜。

此外，还有被称作“鱼身”的干货，似乎是将大型鱼类的肉切下来晒干而成；煎海鼠则是将海参煮熟晒干的制品。

鲤鱼饕客登场

细川胜元（1430—1473年）为室町幕府的管领（辅佐将军之职），也是当代首屈一指的饕客。他身为应仁、文明之乱（1467—1477年）的首要人物，肩负东军总帅之职，与西军的山名宗全（1404—1473年）对峙，使京都被卷入战乱之中，争战不休。他是一门之中无人可敌，极其豪奢的人物，在各种兴趣嗜好上挥霍财产，其奢侈举动饱受批评。尤其，他只吃美食，以现代用语来形容的话，就是超级讲究的美食家。

室町时代末期的《尘冢物语》便提到，胜元平生偏好鲤鱼料理，因此家臣们为了讨好胜元，送上了无数的鲤鱼。相关内容记载于主题为“细川胜元称赞淀之鲤鱼料理”（細川勝元、淀の鯉料理を称賛）这个章节中，如下所述。

某位人士邀请胜元前来，并端出了豪华料理，其中当然也包含了鲤鱼料理。当时有三四人同席,异口同声地满口称赞:“这道鲤鱼料理真是美味。”别无其他评论。但是胜元却不以为然,做出了以下评论:“这的确是道名产,肯定是为了招待我们,才遣人四处奔走买来的。”接着又说:“这条鲤鱼,应该是出产自远方的淀。因为照理说其他地方生产的鲤鱼经烹煮后泡在酒里,用筷子夹个一两次后酒就会变混浊。然而淀的鲤鱼便不会如此,不管泡再久,酒还是会保持淡淡的色泽,不会混浊。这就是名产的最佳证明。”

胜元是无与伦比的美食家,据说只需将一小片鲤鱼放在他的舌头上,他就能猜出鲤鱼的产地。《尘冢物语》还介绍了另一位美食家,名叫镰仓左马头基氏(1340—1367年),他是位英勇善战、个性正直的人物,总是偏好享用美食。

有一天基氏唤来厨师,命令他将鲫鱼取来。接着一脸严肃地说道:“我希望你将这条鱼仔细烤熟后,再料理成羹(热汤),切记绝对不能敷衍了事。”接着便走进屋里去了。

厨师依照命令用火细心烧烤鲫鱼,再用味噌汤炖煮,然后端上餐盘。料理已经完成,于是厨房侍从便将餐点送出去,将鲫鱼料理摆在基氏面前。基氏打开碗盖,看见鲫鱼被烧烤得恰到好处,似乎十分美味。他吃完单面鱼肉后,将鱼翻到另外一面打算动筷时,竟发现另一面鱼肉居然还是生的。

基氏大怒,召唤管家,命他将厨师带上来怒斥:“你并没有用心料理,所以才会出现这种失误,这次我饶过你,但是今后你在料理时要多加注意。”他还命令厨师:“你若想保住你这条小命,就给我全身脱光光坐在那里。”说完便外出狩鹰了。管家觉得厨师全身脱光光坐着实在可怜,于是设想周到地让厨师在主人回来之前待在厨房继续工作。

当时鲫鱼汤算是很常见的料理，一般都习惯将鲫鱼烤过之后再煮成汤。也有一些做法比较费工，例如江户时代初期的《料理物语》中记载：

> 味噌は上級のものにして、だしを加えるとよい。ワカメかカジメでフナを巻いて煮る。うま味が少ない時は、すり鰹を入れるとよい。いずれも味噌をだしにして煮るとよい。よく煮て酒塩をさす。吸い口はさんしょうの粉。

> 味噌要选用高级货色，然后加入高汤即可。再用海带芽或空茎昆布将鲫鱼卷起来下锅煮。鲜味不足的时候，也可加入鲣鱼泥。但是无论如何都要用味噌高汤来煮，充分煮熟后再滴些酒（这里指用来提味的酒），并加些山椒粉做调味。

第 六 章

室町、战国时代的饮食

むろまち·せんごくじだいのしょく

战国武将的威猛来自饮食

战祸连年料理技巧却不断精进的年代

室町时代虽然战祸连年，但是料理技巧本质上却是向上提升的，在这个时代几乎脱离了古时候的饮食方式。例如鱼类的食用方式便从鲙演变成刺身。所谓的“鲙”，是将生鱼肉切成小块后，蘸酢或酱食用，自古以来皆是如此料理。

进入室町时代之后，出现了将鱼肉一大块片下来的刀法。为了与自古承袭下来的鲙做区别，于是开始将如此料理的生鱼称作“刺身”。室町时代长享三年(1489年)的《四条流庖丁书》，便依照刺身的种类说明该使用何种调料味：“食用刺身时，鲤鱼蘸山葵酢，鲷鱼蘸生姜酢，鲈鱼蘸蓼酢，鲨鱼蘸芥末籽酢，魟鱼也是芥末籽酢，鲽鱼蘸沼田酢。”在这个时代，饮食上仍以酢作为主要的调味料，但是到了中期以后，当酱油一登场，切成大块的刺身便迅速普及开来。充满大豆氨基酸的酱油具备饱满的咸味，可释放出鱼类本身的鲜味，因此成功俘获人心。

虽然室町时代战祸连年，却也在这个时候确立了本膳料理这种料理模式，形成日本料理的基础，而当时颇具影响力的武家料理更成为主流。室町时代武家之间流行的用餐方式，包括汤渍及汁饭。其中,汤渍的用餐礼仪非常烦琐。

正式的汤渍必须事先用热汤将饭冲洗过一次,然后再盛于碗中端上桌,最后将热汤倒进饭中食用。在食用本膳料理时,端上桌的就是这种汤渍。汁饭简单来说,就是用有味道的酱汁取代热汤淋在饭上,常用于武士紧急出阵等场合。

食用汤渍有不同的用餐礼仪,有时须在食用汤渍前先舔一口盐。此外,香物的选择、配菜如何搭配,都有繁杂的制式规定。依据《大草家传闻记录》(大草家より相伝の聞書)"室町时代"所云:"吃汤渍时,先吃汤渍,再吃菜,最后喝汤。"像是战国时代的霸者织田信长就十分爱好汤渍,用餐礼仪在他眼中根本不重要,想吃时他就用自己的一套习惯来吃。甚至在桶狭间之战(1560年)出击之前,织田信长也都是以汤渍果腹的。

靠黑米饭养足体力的武士们

应仁、文明之乱自应仁元年(1467年)开始愈演愈烈,耗时11年,使得成为战场的京都化为一片焦土。这场纷争扩及全日本,战火连年延续了100年以上,也为战国时代拉开序幕。实力在握的人抬头,以下克上成为时代潮流。即便身为大名(译注:较大地域的领主)也不容大意,其地位可能随时被家臣夺取。这就是乱世中的游戏规则。

在战国时代这个战火无穷无尽的年代里,武士们的饮食问题是如何解决的呢?当时,武士主要的热量来源为一天五合的黑米。所谓的黑米,就是粗捣后的米,接近现代的糙米,因此残留有不少米糠成分。五合的米饭,会分成早餐及晚餐两顿食用。五合的分量在750克左右,约2600大卡。足轻(译注:下级武士)的饮食也差不多,发放的米的分量都一样。

黑米的米糠含有大量的维生素B1,不但有助于消除疲劳,也是米饭中碳水化合物迅速转换成能量时不可或缺的营养成分,因此黑米饭能够使肌肉更有力量。接着来看看每100克的米含有多少的维生素B1(以下单位皆为毫克),糙米为0.41、粗捣米为0.30,若是精白米的话则仅有0.08,精米中的维生素B1几乎全被去除了。人体一旦缺乏维生素B1,就会因作为大脑能量来源的葡萄糖无法顺利代谢,导致焦躁、不安、易生气,注意力还会下降,就连斗志与体力都会变差。

黑米饭的好处还有耐饥。举例来说,吃蛋糕或面包虽会让人突然士气大振,但是很快就会虚脱无力。这是因为食用蛋糕或面包会让人的血糖值急速上升,接着又马上快速下降的缘故。但是黑米饭在这方面便具有它的优势。黑米一粒粒被吃进肚子里,会慢慢被消化,所以血糖值可长时间处于稳定状态,不会很快使人出现空腹感。也就是说,人的战斗力会持续高涨。远近驰名的猛将加藤清正(1562—1611年),在《掟书》(家训)中便提道:“要吃就要吃黑米。”清正终其一生参与过许多战役,因此才会熟知黑米所具备的能量。

一天吃早、晚两餐

武士一天可吃五合黑米,这些黑米通常分成早、晚两餐食用。《武者物语》是记载着战国武将的故事集,当中就有《由吃饭方式了解北条家为何灭亡》(飯の食べ方で北条家滅亡を知る)这么一篇故事。

小田原城的北条氏康(1515—1571年)与嫡子氏政一同用餐时,氏政做出了致命性的失败举止。因为他在同一餐的米饭中,淋了两次酱汁。氏康看见后感到十分失望,接着如此说道:“无论身份高低,一天都是吃两餐。”接着叱责他:“既然如此,怎会不熟悉用餐习惯。饭要淋酱吃,竟然不懂得拿捏酱汁分量,以至于酱汁不够又再淋了一次,行为真是失当。明明是早晚都在做的事情,居然无法预估分量,看来你永远无法看清一个人的本质,辨别忠良,更不可能招揽名贤家臣。”并且灰心地说:“看来北条家到我这一代就要结束了。”

不出氏康所预言,小田原城的北条家到氏政这一代,便遭受丰臣秀吉攻击而灭亡了。由这篇故事可充分得知,战国时代的饮食分为一天早、晚两次,用餐须遵循用餐礼仪。在当时那个年代,想在艰难困苦的战争中幸存下来,实在无法因为淋饭的酱汁不够而要求添加,于是才会衍生出武士的“常规”,为的是让身体打从平时就习惯这种困境。

汁饭终究是属于上级武士的用餐形式,当下级武士升上足轻后,很多时候早晚吃的还是杂炊。介绍下级武士在战国时代结束之际相关生活点滴的《阿编传》(おあむ物語)一书,关于女主角阿编,有以下描述。

阿编回想起小时候早晚常吃杂炊,所以能吃到菜饭最令她开心。阿编经常央请哥哥外出玩枪,因为她想带着这种菜饭跟着去,毕竟杂炊水分太多并不便于携带,所以会将菜倒入米中,炊煮成较硬的菜饭。

阿编后来前往土佐(高知县),活到了江户时代的宽文年间

(1661—1673年),在她80多岁时才去世。在《阿编传》一书中,也有关于午饭的记载:“吃午餐这件事连做梦都不敢想,晚上更没有吃夜宵这种习惯。”此外还写道:“现在的年轻人讲究服饰,热衷打扮,花钱在各种食物上极尽奢侈,实不可取。”

出阵时提供一升米饭

武士习惯一日两餐,但是遇到突然要出阵时,用餐次数将完全颠覆,有时会吃上三四顿,随时设法维持体力。米饭的分量也有变化,天下太平时武士一天吃五合米,一旦要出征去打仗,每人每天会发放一升米。换算成热量的话,单单米饭就超过500大卡。

假使全副武装,穿戴铠及兜再加上武器的话,重量达40千克左右,这种时候如果武士不吞下一升的米饭,想必使不出力气攻退敌人。毕竟打仗是靠力量决胜负,能量消耗很大。

依据笔者手边江户时代初期的兵法书(缺少封面)所言:“米一人一升、味噌四十人一升。”当时光米,会为每一个人准备一升的分量,反观味噌的量可能会觉得有点儿少,不过供给盐分的盐通常会另外准备,因此味噌可说是用来作为帮助消化的药物或药饵。味噌含丰富的活性酵母菌、乳酸菌及曲菌,此外还具备帮助消化的酵素群。因此,大量的米饭只要搭配味噌食用,就能顺利被人体消化吸收。

为了提高在战争期间所吃的米饭被人体消化吸收的速度,让摄入的食物快速转化为战斗力,大多会运送白米至战区。毕竟白米可以快速煮熟,而且相较于黑米更能大量被摄取。传闻不少人为了能饱尝白米饭,而成为足轻或人夫(译注:搬运工人)。尽管是在战争期间,一个人一天吞下多达一升的饭,还是可能引发消化不良的。为了预防这种现象,才会将富含益生菌及消化酵素的生味噌作为一道配菜。

打仗期间也会食用午餐。分别在早、中、晚餐时炊煮两合五勺的米饭来吃,剩余的两合五勺则会制作成握饭团,遇到发生突发状况时便于携带。米是由小荷驮(运送兵粮、弹药等物品的驮马队)运送至战区,士兵也会各自带着鲣鱼干及梅干等食品搭配米饭食用。

带"腰弁"实时出兵

过去有个名词叫作"腰弁",虽然近来几乎没有人会使用这个名词了,不过这是日文"腰便当"的简称,用来形容每天带便当去公司吃的上班族。江户时代,靠薪水过活的轮班侍从也是一样,袴(译注:和服裤裙)的腰部上都会悬挂着装便当盒的包袱,这就是腰便当,起源自战国时代的"腰兵粮"。

一旦决定出征,士兵们就会将装着满满兵粮的细长布袋绑在腰上,或是斜背在肩上赶赴战场。军队规定携带"三天份的腰兵粮",因此士兵必须各自准备三天份的兵粮,其余需要的分量,要等抵达阵地后再由当地发放。存放这些兵粮的细长袋子,称作"打饲袋"。一般偏好携带蘸上味噌烧烤而成的握饭团,但也会将年糕、干饭(将煮熟的饭加以干燥所制成)、烧味噌、梅干等食物装入细长无底的布袋内,然后绑在腰上或是斜背在肩上,再将袋子两端的开口牢牢地绑在胸部周围。遇到酷暑之际,也会在握饭中间夹入两三根辣椒,或是放置梅干在握饭里头。士兵除了可从打饲袋两端任何一处开口拿取食物之外，还能带着打饲袋边走边吃，非常方便。

若要食用干饭，则会直接装在袋子里浸泡于水中或热汤中使干饭回软。两军交战时，打饲袋要随时穿戴在身上，甚至连睡眠及如厕时，也要固定穿戴在身上。因为一旦疏忽大意，打饲袋被自己人偷走也是常有的事。

与腰兵粮一样，行军必备的还有水筒，日文也称作“水吞”或“水入筒”。毕竟要食用腰兵粮时，少了饮用水可就麻烦了。因此，才会绞尽脑汁做出各种水筒，不过竹筒制作简易且随处皆可取得，所以凭借着这点优势，竹筒制的水筒还是占比最多，但有时也会出现以葫芦制成的水筒。

缺之不可的梅干

梅干名列出征携带药物排行榜第一名，因为梅干强烈的酸味有助于武士维持身体健康。梅干也是不可或缺的“息合”灵药。日文所谓的“息合”，就是呼吸的意思，意指在激烈争战或长途行军后，可调节呼吸，并能消除身体疲劳。因为梅干可有效消除武士们在短兵相接后，筋疲力尽的肌肉疲劳现象。

人疲劳时，乳酸等物质会囤积，致使身体肌肉紧绷僵硬，连带使得血液循环也会变差，导致身体细胞及大脑细胞呈现缺氧状态。梅干中的柠檬酸等酸味成分可抑制和分解乳酸，所以当遇到这种疲劳的情况时，只要舔口梅干疲劳的症状就会减轻。无论人还是马，都不喜欢在军阵中气喘吁吁，幸好食用梅干即可调节呼吸。江户时代的旅游书也提到，搭船或轿子导致头晕不适时，“应先将梅干含在口中”,因为梅干具有平定气息的效果。马匹同样在强行军之后会出现呼吸困难的现象,此时也一样,会提供梅干给马食用,以调节呼吸。

另有兵法书记载,士兵会将梅干缝在甲胄里随身携带,当口渴时,只要一想起甲胄里的梅干,口腔就会涌出大量唾液帮助解渴,而这类经验在我们日常生活中也有所体会。甲胄里的梅干是不能轻易食用的,属于必须随身携带备用到最后一刻的药物。江户时代初期的《杂兵物语》记载:

> また、がいに働いて、息が切れべいならば、打飼の底に入れておいた梅干を、とん出して、ちょっと見ろ。必ず、なめもしないもんだぞ。
>
> 喰うことはさておき、なめて喉がかわくほどに、命のあるべいうちは、その梅干ひとつを大切にして、息合の薬にとん出して、つっぱめつっぱめ食わないもんだ。

> 此外,当剧烈运动后,快喘不过气时,就从打饲袋底部拿出预放的梅干,稍看一眼。记得,连舔也不要舔哦。
>
> 忍住想要吃它的念头(译注:如果人的口水流不出来,看着梅干会流口水),直到口干舌燥才舔一舔。只要还有一条命在,就珍重那一枚梅干,顶多只把它拿来当成“息合”灵药,忍住、忍住,就是不吃。

出征时,大多会将梅干去籽后揉圆变成块状,干燥后再随身携带,人们还常用梅干来治疗腹痛及头痛。

武士还是少不了味噌

原则上在抵达阵地之前，食用的皆为自备的兵粮。抵达阵地之后，才会开始配发米以及味噌、盐等基本粮食，为了以防万一，士兵自己也会在准备各种药饵的同时，携带咸味的食物随行。

当战况长期僵持不下，有时也会担心白米、谷类供给不及的问题。即使如此，只要有盐在身，仅靠野草的根或叶也能挨过饥饿。食用野草若少了盐，恐怕会引发钾中毒，这种状态若长久下去，甚至可能危及性命。

尤其在战场中，士兵容易过度消耗体力，盐分消耗量极大，如未适时补给盐分，将引发头痛、倦怠、食欲不振等情况，并进而导致行动迟缓。在战场上用来补充盐分的紧急粮食有很多种，如下介绍。每个武士都会各自设法准备，还会融入营养补充食品的概念，不禁让人对武士的智慧感到佩服。（下述内容引用自各种兵法图书）

干味噌　做法是将普通味噌摊平在门板等平面上，经日晒干燥而成。只要将晒干后的味噌存放于盒子或壶罐等容器中，即便长时间摆放也不会变质。而且一年再日晒个几次加以干燥，风味更佳。

玉味噌　将味噌搓圆制成药丸，日晒变硬后塞入稻草包里运送至战场上。

烧味噌　将味噌倒入铁锅中加热，充分搅和使之变硬的制品。有时也会掺入黑芝麻、山椒及生姜等食材，以增加味噌的药效。

芋茎绳　“将芋茎制成绳子，再用味噌熬煮，等到行李拖来之后，正好可将芋茎绳扯下来，然后放入水中搓揉一下，这样就能变成汤品配料了。”（引自《杂兵物语》）芋茎是由芋头的茎干燥而成，日文称作“芋茎”。制作芋茎绳时首先会将芋茎制成绳子，再用味噌汁加以熬煮，最后晒干即可。干货的保存性佳，像笔者现在手边仍留有30年前制成的“芋茎绳”，有时会拔些下来作为下酒菜，味道完全就像鱿鱼干一样，算是难得的珍贵佳肴。

即席味噌汤 不只会使用芋茎绳，还会运用各式各样的干燥蔬菜来烹煮即席味噌汤。“出征时会将菜干、萝卜干、芋茎、蕨类等食材用味噌熬煮成咸味，接着晒干后装入纸袋或布袋等容器中随身携带，想喝汤时只要事先放进水中煮一下，就能直接完成一道味噌汤了。”（引自《不伝妙集》）完全就是速食味噌汤的始祖。

早汁素 “应随身携带烧味噌。只要将烧味噌倒入水中搅拌一下，马上就能变成一碗味噌汤。”（引自《军髄应童记》）哪怕在战场上，少了汤汤水水的食物还是难以下咽的，所以会即席料理味噌汤。

坚盐 用三合盐加水搅拌，然后倒入锅中加热，盐会变硬而不会溶解。而且上述分量相当于一个人50天所需的盐分。

盐丸药 将放置三年去除水分后的盐仔细研磨，揉成如同大颗栗子般的圆球状，接着晒干后装入稻草包中，但是在运送至战场的途中须避免淋到雨。每天每人通常会发放一颗盐丸药。

向信长、秀吉、家康看齐的饮食学

祈求胜利的出征食

当发出“出征！”号令的当下，总大将会主持出征仪式，这是为了提振全军的战斗士气，出征仪式也称作“三献仪式”。餐盘会使用原木的方形案或木制方盒，并摆上三个叠在一起的杯（译注：没上釉烧成的酒杯）与三道寓意吉祥的菜肴。祝贺用的佳肴包括打鲍、胜栗、昆布这三种。菜肴的取用方式及食用方式，依流派不同而有所差异。

菜肴摆好后，酎人会登场，用单口的长柄酒壶倒酒。大将会先接下一杯酒，并吃下第一份菜肴后再将酒一口饮尽。接着依次享用第二杯酒、第二份菜肴，以及第三杯酒、第三份菜肴，这就是所谓的“式三献”。酒会分三次倒，第一次及第二次习惯会倒得少一些，第三次则会倒得多一点。这种倒酒方式称作“鼠尾、鼠尾、马尾”。鼠尾正如字面所示一般为细长状，马尾则像马的尾巴一样粗大，意思是说，一开始倒出的酒呈细长状，接下来再大量倒出来。酒分三次倒，再一杯接着一杯分三次喝完，形成“三三九度”的模式，现代在结婚仪式上所进行的“三三九度”，便是由这个“式三献”发展而来的。

整装出征与凯旋时，菜肴的食用方式并不相同。出征时会依序食用初献的“打鲍”、二献的“胜栗”、三献的“昆布”，表示“讨伐、胜利、喜悦”的吉利之意。三献仪式结束后，总大将会手持酒杯丢向地面摔碎，接着双手摆出拿着弓箭或军扇的姿势，朝着家臣们大声喊出：“嘿咿！嘿咿！”然后将士们会一鼓作气大声响应：“欧！”然后朝着敌人的方向前进，出征去打仗。

庆祝胜利的归国食

相对于出阵式的“讨伐、胜利、喜悦”之意，在归国式的时候则会变成“胜利、讨伐、喜悦”之意，庆祝作战胜利。首先用会“胜栗”作为初献，“打鲍”作为二献，接着用“昆布”当作三献，表示“喜悦”之意。

这些仪式看起来或许是不信者恒不信的迷信行为，不过当事人可是信者恒信。战争的胜败，受命运左右的绝对不在少数，这点历代战争的武将们最了然不惑。为使全军武士更有自信，战前仪式万万不可欠缺。

“嘿咿！嘿咿！”“欧！”的口号也会在凯旋时呼喊，比方在攻下城池，或是战胜后高唱凯旋歌的时候，也都会这么做。此时称作“胜利欢呼”，由于类似鲸鱼叫声，因此也称作“鲸波”。

有些武将会以刀刃朝外的方式，将刀剑武器埋在城门前的泥土中，跨过这些刀剑武器进行所谓的出征仪式，用来祈求大将在战场上不会受到刀伤，能大获全胜归来。有时，支撑军旗的旗杆会折断或倾倒下来，这将被视为不祥之兆，可能导致全军人心惶惶，所以必须牢牢固定住。

织田信长偏好的汤渍饭

战国时代，志在“天下布武”（译注：意指以武家的政权来支配天下）的织田信长（1534—1582年）最爱吃汤渍饭，接近现在的茶泡饭，就是只在饭上头淋上热汤。汤渍会搭配作为配菜的烧味噌或是白萝卜味噌渍。而烧味噌有时是直火烤焙而成的单纯烧味噌，也有加上山椒粉及芝麻粉等食材增添甜味，再用铁锅烧烤而成的豪华版烧味噌。

烧味噌似乎是武将们的常备菜，无论是丰臣秀吉还是德川家康都十分钟爱。以信长为例，除了出征前会吃汤渍饭之外，在准备论议军事前，或是面临重大决策前，都不忘大口豪迈地吞下汤渍饭。虽然汤渍饭仅属于止饥的轻食，但是除了省时之外，还具有平静情绪的效果，因此对信长而言，汤渍饭等同于象征旗开得胜的“必胜餐点”。永禄三年（1560年）五月十九日黎明，在战情吃紧的尾张（今爱知县）清洲城内，27岁的信长跳着“敦盛”舞。

人間五十年
下天の内をくらぶれば
夢幻のごとくなり
いちど生を得て
滅せぬ者のあるべきか

人生五十年，
与天地长久相较，

如梦又似幻；
一度得生者，
岂有不灭者乎?

一舞毕，信长便高喊："吹响法螺贝，拿起武器。"大声下令出征。依据太田牛一（信长的家臣，为军事小说的作者）的《信长公记》记载："すばやく具足をつけ、立ったままで食事をとり、兜をかぶって出陣した。"说明信长喝下汤渍后便上战场去了。自此世界闻名的桶狭间之战正式开战。

这次出征信长的目的地为通过桶狭间正进军京都的今川义元（1519—1560年）身处的阵地。当时丸根及鹫津两座支城都已被义元军攻下。然而就算信长的兵力集结完成，总人数也不过2500人左右；反观义元这边则有2.5万人的大军。如果不是相当走运，实在难以取胜。

当信长军队在森林中接近义元阵营时，四周突然天色一暗，开始闪电交加、大雨倾盆。保护义元的军队为了躲雨向四周分散，信长军便趁着这瞬间空档发动了奇袭。被突如其来的袭击打乱阵脚的义元军四处乱窜，就在此时，信长军的毛利新介砍下了义元的首级。信长孤注一掷的奇袭作战，就此顺利成功，可见汤渍的威力不容小觑。

武士有武士偏好的口味

《常山纪谈》及《翁草》等书中皆有提及，信长偏好重咸的农家菜，最有名的插曲如下所述。

三好家灭亡时，闻名遐迩的菜刀名人坪内某被俘，他是公家料理的首席厨师。几年过后，家臣向信长进言："让坪内负责厨房的工作吧！"信长于是回答："先命他做道料理，看看做得好不好吃再做决定。"隔天早上，信长品尝了坪内准备的餐点，立刻脸色一沉，愤怒地说："淡而无味，无法入口，把他的头给砍了！"坪内跪在地上恳求信长再给他一次机会，因此隔天他才得以再度拿起菜刀做菜。翌日早上，坪内的料理又被送到信长面前，没想到信长与前一天判若两人，心情愉悦地动着筷子。

一开始的料理属于公家风味的清淡饮食，相对于此，第二次端出的则是重咸口味的农家菜。也就是说，信长讨厌公家风味，偏好农家菜这种重咸的调味，对于经常活动身体四处行动的武士而言，理所当然会选择这种重咸的口味。坪内日后虽然在背地里耻笑信长不懂得欣赏京料理的美味，但他身为一名厨师，不了解武家的调味方式算是他的失策。

丰臣秀吉的声望与幸福餐

号称日本第一出名的“幸福餐”

丰臣秀吉(1536—1598年)身上拥有不可思议的能力。他除了能够影响自己之外,还能为周遭提升幸福感。这种才能肯定是与生俱来的,不过绝大部分也能通过食物加以扩增。据说,秀吉小时候家境贫寒,当时他所摄取的食物普遍含有大量的色氨酸,比方说泥鳅及豆味噌。而这些食物内含的色氨酸,正是合成脑内物质血清素的主要原料,能够为人带来幸福感。依据《名将言行录》的记载,秀吉小时候生活非常贫困,有时会下水田抓泥鳅来卖,也会抓来自己吃。当人类的大脑分泌出血清素,就会时常面带笑容,且抗压性高,不但人见人爱,也会吸引人才接近自己。

秀吉即便到了德川时代依旧备受庶民推崇,甚至造成幕府官员神经紧张,并对他加以监督,尽管他身为声势赫赫的大名,但同时又具有难得的亲和力及开朗的性格。秀吉哪怕身在战场,也总能以独树一帜的兵粮策略大获全胜。历经战国时代的动荡,秀吉比谁都还要熟知一点道理,那就是武士的行动力深受米饭左右。因此秀吉之所以会成功,可说就在于他善于运用“武士餐”。

"中国大返还"志在天下

天正十年(1582年)六月,秀吉让人见识到他天才般的兵粮分配策略,也就是历史上所谓的"中国大返还"(中国大返し)。大家都知道,秀吉在攻打备中国(今冈山县)毛利军的高松城之时,其主君信长在本能寺被光秀杀害了。就在水攻策略几近成功,即将攻下城池之际,秀吉以高松城主清水宗治切腹作为议和条件,急于讲和调停的同时,也在谋划作战计划,设法要在短时间内将光秀打倒,于是才会做出"中国大返还"的赌注。接下来依照时间顺序来看看这场战争过程。

六月二日,一早信长在本能寺自杀。六月三日,秀吉得知噩报。六月四日,在水攻之下高松城化为一片湖泊,城主清水宗治乘小船而出并切腹自杀。六月五日,秀吉提防敌军动向,按兵不动。六月六日,支持高松城的毛利军撤退,秀吉军开始"中国大返还"。同一天,秀吉军于备前国(今冈山县)沼城扎营。

六月七日,25000人的大军在一天一夜55公里(将近14里,日本长度单位"里",1里=3.927公里)的强行军下,于翌日清晨进入播磨的姬路城,姬路城成为秀吉的据点。六月八日,一抵达姬路城后,秀吉马上入浴,并召来家臣下达第一号命令。他紧急下令:"传达下去,明日家老一同出征。当城堡的瞭望指挥台吹出第一声号角时,命人开始煮饭,在第二声号角响起时,让搬运工阶级以下的人出发,在第三声号角响起时,让全军集合给我阅兵。"当他结束入浴正要吃光碗里的粥时,军师黑田官兵卫(1546—1604年)前来进言:"此为夺取天下的好时机。"从此秀吉便立定决心志在取得天下了。

“走饭”大获成功

六月八日，休兵，秀吉做出了毅然决然的举动。他唤来藏奉行、金藏奉行，不惜将城内的8.5万石兵粮米全部赐予将士。秀吉说：“足轻及铁炮组的家眷们，唯一能依靠的就只有粮饷米。给这些人平时5倍的分量，以聊表我的心意。”除此之外，秀吉还依领地多寡，毫不吝惜地将城内所有金银分发下去。这正是秀吉一流的人心掌握术。这使得将士们无不士气倍增，在“中国大返还”中，积极挑战超出人类极限的强行军。秀吉脑中应是盘算着：“只要打倒光秀，天下就尽入我手。姬路城这点兵粮米及金银，一点都不足惜。”

六月九日，号角在瞭望指挥台响起。接着摆出成列的大锅，炊煮堆积如山的白米饭，供应全军食用。足轻等武士狂喜地说道：“这是我有生以来，第一次能够尽情享用如此美味的米饭。”

填饱肚子后，六月十一日早上又开始再度大返还，抵达摄津的尼崎城。从姬路城至尼崎城约莫80公里路，大军竟在两天内便到达了。据说在行军期间，秀吉还将串成项圈的蒜头戴在脖子上，然后骑在马上一边啃着蒜头一边指挥军队。

两军在京都南郊的山崎进行决战。秀吉大军以超乎想象的极快速度出现在光秀眼前，令光秀惊慌失措。决战当天为六月十三日，乱了阵脚的光秀军瞬间溃散，落荒而逃的光秀在农民的袭击下，不明不白地丢了性命。

来年，秀吉更在贱岳之战中打败了曾经是最大敌手的柴田胜家（1522—1583年）。在这场战役中，也是靠武士的“走饭”才大获

武士头盔

全胜，因为这段超过50公里的路程，秀吉军却仅仅花费5个小时便走完了。当时秀吉命人在路边煮饭，让武士们边走边用手抓着饭吃，才得以打倒柴田军，促使柴田胜家自杀身亡。自此秀吉的天下，近在眼前。

麦饭的构想帮助德川家康取得天下

假使势均力敌，在同时往前迈进的情形下，通常精力旺盛且持久的人就会胜出，更容易心想事成。战国时代最了解这个道理的人，除了德川家康（1542—1616年），别无其他。他为了长生不老，抑制欲望热衷粗食，最后取得天下。虽然他的一生看似处处计较，不免欠缺趣味性，但是倘若他缺乏胜出的力量，便无法开创自己理想中的时代。因此，家康念念不忘信长、秀吉这些前人的战略，隐忍自重，最终继秀吉之后发挥实力一统天下，成功走进内心所期盼的，没有战争的和平时代。

《名将言行录》便记载着家康的饮食观，书中提道：“任何一个人早晚吃喝的食物都很重要。”书中还谈道：“民以食为天。”此外，家康认为人的每一餐都不得马虎，在饮食当中也很重视麦饭。家康待在冈崎城的时候，总是粗茶淡饭，家臣偶尔打算上呈美味的饭菜给他吃，还得小心翼翼地动点手脚。例如，先在碗里盛入白米饭，接着在上头盖上些许麦饭后才端上桌。但是没多久即被家康识破，惹得家康勃然大怒，这段故事在《名将言行录》一书中就有描述。

关原之战用了“发芽糙米”

打仗期间，家康也奉行“民以食为天”这句话。庆长五年（1600年），家康的东军与石田三成所率领的西军发生激战，这场关原之战成为决定胜负的关键战役。九月十五日，战事从一早开打，一进一退僵持不下，后来东军逐渐占优势，时至午后，西军战败。但是各地仍持续零星争战，追讨余党也令东军疲于奔命。

东军的士兵们，从一早便滴食未进。毕竟一连串激烈的短兵接战，根本无暇进食。在十分饥饿的情况下，无数的武士静坐着气喘吁吁。《名将言行录》记载着，接近傍晚，正打算将大锅拖出来煮饭之际，“突然大雨倾盆，连饭都没办法煮了”。就在滂沱大雨中连火都升不起来的情形下，士兵们不得不拿生米来吃。

大雨从下午四点左右开始下。《名将言行录》记述，家康察觉事态不对后，向全军将士下达紧急指示：“かかる時は、飢えにせまり、生米を食うものなり。されば、腹中をそこなうべし。米をよくよく水に浸しておき、戌の刻に至りて食すべし。"[译注：现在，迫于饥饿，不得不吃生米，但如此一来，恐怕会吃坏肚子。所以大家应先将米充分地浸泡在水中，至戌时（下午7点至9点间）再食用。]

总而言之，就是说先将米浸水约4个小时后再吃。米泡发后会变软，同时也会开始发芽，促使米当中的酵素含量增加而有助于消化，比起生米更容易入口。基本上就和现在被视为健康饮食，备受欢迎的发芽糙米的做法如出一辙。米一旦开始发芽，GABA（γ-氨基丁酸）就会增加，此成分可缓解紧张情绪，预防焦躁不安，恰恰符合"民以食为天"这句话。

家康活得比信长、秀吉都要久，但是他在取得天下后便开始松懈了，最后更因疏忽而丧命。元和二年（1616年）一月，家康外出狩鹰，下榻地点准备了一道南蛮料理，这道料理是将鲷鱼切片油炸后再淋上蒜泥，分外美味。因此，家康不知不觉吃得太多，导致身体不适，于是卧床休息。这正是当时在京都及长崎等地相当流行的料理天妇罗。然而家康的病情自此每况愈下，在同年的四月去世，享寿75岁。

武田信玄的战略就是"馎饦"

甲斐（今山梨县）这个国家位处山区，许多土地都位于海拔很高的地方，水利不便，因此水田稀少，所以甲斐无法以米饭作为主要粮食，只好改吃粉食。武田信玄（1521—1573年）的军队以甲斐为据点，并无法像越后的谦信军或信长军一样，全部由米饭供给征战时所需的碳水化合物。

不知道是否因为许多场战役都得从面粉或荞麦粉获取能量，粉食战略反而打造出“风林山火”这个令人闻风丧胆的标志。《孙子》一书便描述武田信玄的军队为“疾如风，徐如林，侵掠如火，不动如山”。

粉食的机动性高，其中最常见的即为现今山梨县人气颇旺的乡土料理馎饦。比起必须炊煮的米饭，馎饦的原料面粉重量较轻，加水揉成团后切一切或擀开来，再用锅子煮熟即可马上食用。调味使用的是味噌，再加入当地取得的山菜、蕈菇类食材和野猪肉或野鸟肉炖煮一下，就是一道营养丰富的料理。也就是说，只需备妥面粉、味噌、锅子，在战场上即可马上制作起来，而且粉食的重量又比米轻，这点也有利于士兵迅速行动。

武田的军学书《甲阳军鉴》中所提到的一份菜单，曾经出现“面子”二字。这是类似乌冬面的面类食物，其他还曾出现蒸麦（蒸熟的乌冬面）或是索面等名词，这些应该都是不同种类的面食。在多山的甲斐国里，自古便具有名为“馎饦”的这种面食，推测是以“面子”作为代名词。馎饦早在平安时代便存在了，至今地方上的耆老仍以“武田汁”称呼之。

位于甲府市的踯躅崎馆遗迹（武田神社），曾有研钵（捣臼）及捣粉食用的石臼出土。这些制作粉食用的工具会从武田家建筑物的遗迹中出土，反映出当时粉食文化是十分盛行的。馎饦广泛普及于武田信玄势力所及之处，至今馎饦文化圈仍旧维持着当时的规模。

信玄晚年因为过劳导致身体不适，然而即便如此他还是立志要制霸天下，可惜无法实现上京的心愿，于天正元年（1573年）结束了53年的人生。

武将之间流行的茶汤文化

战国时代，在武将之间曾经流行茶汤文化。众所皆知，包括信长、秀吉、家康等战国武将，几乎全将茶汤视为教养或兴趣之一。镰仓时代初期，茶汤经由荣西禅师从中国传入日本，虽然主要是从寺院开始发展起来，但是到了战国时代之后，融合禅宗心法的茶汤开始盛行，并由信长的司茶者集大成，信长死后则由侍奉秀吉的千利休(1522—1591年)接棒。

千利休对于茶席间准备的轻食“三菜一汤”做了以下说明：“茶席间食用的料理为一汤搭配两三道配菜，酒同样少量即可。闲寂的茶席间并不适合端出过多料理。”(引用自《南方录》)茶席间端出的料理，以禅宗的说法而言，称作“怀石”。本是指将温热的石头放入怀中，暂时抑制空腹感，故称为“怀石”。

茶圣千利休的怀石

怀石的基本菜色，包含一碗味噌汤，以及向付、煮物、烧物这三道配菜。其中，向付大多为新鲜鱼类料理而成的鲙。千利休也是在通过过茶汤，声明和食的大原则为“三菜一汤”。千利休的饮食观是主张保持食材原味，重视季节，以料理的季节感为优先，这种观念一路延续到现代的和食文化中。

茶汤着重饮用茶汤之乐，原本并不需要端出餐点，但茶有浓茶及薄茶之分：如果饮用的是薄茶，准备甜点即可；浓茶则如字面所示，为浓郁且稍带浓稠度的茶，空腹饮用的话，有些人会感到恶心。

考虑到这点，为了避免恶心的情况出现，所以才会端出可稍微果腹的餐点招待客人。因此，茶席间会在端出怀石餐点后，再奉上浓茶。

战国武将之间为什么会流行茶汤，这一行为也可理解成是为健康考虑。由于上战场后必须以一军总大将之姿全力战斗，身心的疲劳，生死一线间的紧张情绪，皆非比寻常。平安归来后，随手可得的茶汤肯定有助于自己从压力中解放出来。茶含有大量具甜味的茶氨酸，解压、放松效果极佳，此外还内含维生素C及咖啡因，想必也有助于调节身体状态。

千利休当时主张衣物可避寒、食物可充饥、住屋不漏雨即可，可是人毕竟还是有七情六欲。到了千利休晚年的时候，秀吉命令他切腹自尽，他结束了自己的一生，享年70岁，一生功绩显赫。

千利休

战国时代的结束

攻陷城池，阿菊逃离

元和元年(1615年)五月八日，在德川军猛力攻击下，大阪城被攻陷。城里到处火舌四起，此时有名女性以不输男性的胆识逃离了大阪城。她是服侍丰臣秀吉母亲淀君的年轻女子阿菊，时年20岁。当时，大家做梦也没想到，被视为日本第一名城的大阪城竟然会被攻陷。

大阪城攻陷当日，阿菊待在后宫侍女居住的长局，不受战火影响，偶尔还是能够取得荞麦粉。因此，主人仍会悠哉地命令侍女："准备荞麦烧给我吃。"这是将荞麦粉加水揉成团后，擀成圆饼烤熟，再蘸着味噌享用的轻食，是城内众多女性都很喜爱的零嘴点心。

大阪城内的餐点以白米为主，一天分成早、晚两餐，在早、晚两餐中间只要感觉空腹时，就可以拿荞麦粉来料理，因此荞麦粉非常重要，而且荞麦粉还能当作应急粮食，在任何一座城里都会随时备妥，想必也会储存起来。

荞麦粉也是不可或缺的兵粮之一，可当作野战的口粮，比方说甲斐的武田军以及信州的真田军就曾用荞麦粉及面粉制作野战口粮，以便采取速战速决的战略，因此才能屡战屡胜，所以这两个地方至今仍相当盛行馎饦、荞麦、御烧等粉食文化。

阿菊拉拢落魄武者为友

阿菊在等着荞麦烤熟的期间，城内骤然响起一阵骚动。此时，从大阪城的四面八方升起熊熊烈焰，事态紧急。上头虽下令“侍女们不得出城”，但是阿菊立刻下定决心无视命令。她套上三层和服，绑上三条内裙，将数条金子烧熔后倒入竹筒里制成竹流金（译注：战国时代铸造的主要货币之一），揣在怀里逃出城外，就连荞麦烧也顺便带在身上。

结果从抵挡枪弹的成束竹子中出现了一名带刀男子，恐吓阿菊交出金子。阿菊也实在大胆，她拿出两条金光闪烁的竹流金交给对方，一边央求他：“只要你帮我带路，我就给你更多的金子。”接着，阿菊便在落魄武者的护卫下成功逃出了大阪城。

途中虽然事态百出，最后阿菊还是平安逃至备前国，依靠在有缘人的身边，晚年过着幸福的日子，并以83岁的高龄安详离世。

上述内容出自《阿菊传》（おきく物語），是大阪城被攻陷时真实发生的故事，也是丰臣体制崩坏的史实记录。

坚守城池宛同人间炼狱

任何一座城池只要遭受攻击，都有可能选择坚守阵地。坚守城池的方式有很多种，最惨的就是鸟取城（今鸟取县）的人间炼狱。天正九年（1581年）的鸟取城之战，毛利军在秀吉军包围下长时间坚守城池，最终虽然被攻陷了，但在之前城内为了抢夺食物，甚至不惜杀人夺命。原因便在于坚守城池的策略上出了重大错误。

秀吉在开始攻击鸟取城之前，暗中利用周边国家贩米的商人到处收购米，尤其在鸟取城附近更以高价收购。城内重臣不明白米价持续高涨的背后原因，在这期间还指使让新米大量上市，只将城内的兵粮米保留眼前需要的分量，满心欢喜地销售兵粮米。

毛利一族的精英分子吉川经家为了指挥救援行动而入城，当他点检装备时，面对如此少的兵粮米感到十分愕然，但是错误已然无法挽回，因此城内近4000人最终才会坐困愁城。秀吉靠着两万大军，撒下坚固的天罗地网，并靠着自己最拿手的"饿死战术"，我方不流一滴血便降伏敌人。这种战术可让我方一兵未损，却将敌人活活饿死。

毛利军也曾计划利用船只将援军及兵粮送进城中，却在秀吉军的反击之下宣告失败，致使运送兵粮的通道完全断绝。自坚守城池起的三个月后，时值十月，由于邻近村落的男男女女也全都逃入城内，在重负之下，城内粮食已经见底，宛如人间炼狱。包括士卒，所有人的脸都变黑了，眼睁睁彷徨着寻找食物，据说简直就像幽灵一样。

松树的甜皮或杂草类全被吃光殆尽，就连狗也不例外，甚至于被丢弃的草鞋，也被你争我夺抢来果腹，牛马更是被吃到一匹也不剩。因为过于饥饿，有人打算逃离鸟取城而来到栅栏边，没想到却遭受敌军枪弹攻击，然后许多人便聚集到尚存一息的人身边，最终演变成用利器争夺人肉的混乱情景。不久后，包括吉川经家在内的三名将领切腹自尽，接着鸟取城便被攻陷了。

十月二十五日，被关在城里的百姓被救了出来。秀吉可怜城

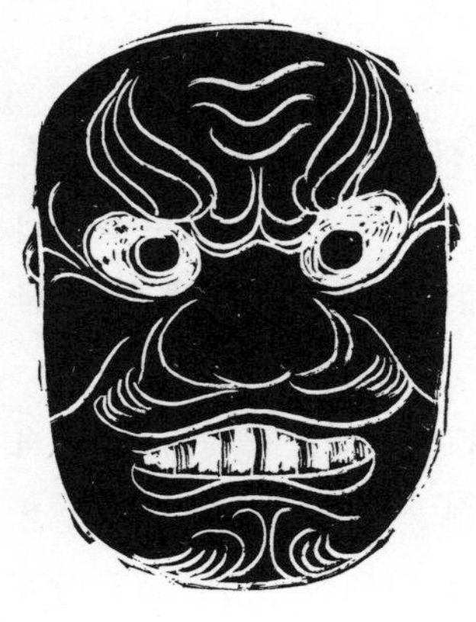

里的人,决定用食物款待城民,但是一想到此时骤然进食反会危害性命,于是煮粥分给众人食用,不想还是演变成“食に酔い、過半は頓死候”(引用自《信长公记》)这副下场。意指未瞻前顾后,只因为饥饿便急着吃东西,结局就会如此。

枪炮与天妇罗

天文十二年(1543年),葡萄牙人乘着中国船只漂流到鹿儿岛的种子岛。因这艘漂流船只的关系,欧洲文化犹如决堤一般,开始流入日本,其中之一就是枪炮。

岛主种子岛时尧(1528—1579年)以两千两巨资,从登陆种子岛的葡萄牙人手中购得他们持有的两支枪炮,并命令岛上刀匠加以复制。刀匠将枪炮分解后,研究其构造并尝试制作,但是过程并不顺利。打制铁器的技师经反复挑战后,终于成功地复制出枪炮。久而久之,光靠技师自身的技术,也足以量产枪炮了。这正是

"MADE IN JAPAN"的起点，影响甚至扩及现代，成为日本人引以为傲的工艺。

枪炮登场后，瞬间改变了短兵相接的形态，也对武士装备及筑城技术等方面产生了莫大影响。自古流传下来的一对一决斗方式不再，改为团体战、步兵战。到了这个年代，哪怕是身经百战的骑马武将，站在寂寂无名却手持枪炮的足轻面前，也毫无招架之力。弘治元年（1555年），传闻甲斐的武田信玄为了川中岛之战四处调度枪炮。

织田信长最早取得枪炮，进而实行前所未见的作战方式。在长篠之战（1575年）中，就连以武田胜赖的勇猛战术著称，使人闻风丧胆的甲斐骑军团，也在信长军整装以待的3000挺枪炮的连续射击下，一下子便瓦解了。胜赖的父亲武田信玄虽然甚早便已注意到枪炮的威力，不料胜赖却来不及应对时代的变化。从欧洲传进日本的，不只有枪炮，还有用油料理的新形态饮食文化。

油炸的南蛮料理

继枪炮之后，南蛮文化也引进了日本。包含料理乃至于甜点、风俗等的潮流，事实上相当多彩多姿，而天妇罗也是其中之一。天妇罗，现在已与握寿司、寿喜烧并驾齐驱，成为代表和食的日本料理了，不过当初却是在战国时代由欧洲人引进的南蛮料理之一，而"天妇罗"一词的起源似乎是来自葡萄牙语的"tempero"，有烹调之意。

当时来到日本的葡萄牙传教士，习惯将鱼肉沾裹面粉调制的面衣下锅油炸，单从外观来看，即可联想成现在的天妇罗料理。葡萄牙传教士佛洛伊斯在永禄六年(1563年)来到日本,他在取得织田信长的信任后曾与织田信长会面过几次,还将装在烧瓶中的金平糖当成礼物,令织田信长十分欢喜。

后来佛洛伊斯在《日本觉书》一书中,详细撰述了日本与欧洲的生活文化差异。书中对油炸料理也有所触及,他写道:“对欧洲人来说,炸过的鱼才是美食,但是日本人并不爱吃,反而偏好用海藻炸成的炸物。”所谓的海藻油炸料理,推测应为昆布炸物,早在战国时代就在食用了,江户时代初期的《料理物语》一书中,便介绍了油炸昆布的制作方法。《日本觉书》中还曾出现“南蛮料理”一词,在“鲷鱼骏河煮”的做法中提道:“将整条鲷鱼烤熟,再经猪油炸过后炖煮会更加美味,这也称作‘南蛮料理’。”

家康品尝鲷鱼天妇罗

面粉加水稀释后调制成面衣,再将鱼肉切片裹上面衣下锅油炸,这就是所谓的天妇罗,与佛洛伊斯的炸鱼料理一模一样。文献中记载,佛洛伊斯认为日本人并不爱吃炸鱼料理,但是这道料理的做法肯定在某部分人之间流传,且受到这群人的喜爱。无论如何,日本人天生对外来的文化抱有强烈的好奇心,不管是枪炮还是天妇罗、蛋糕、金平糖,一下子就能理解如何制作,并推出独创成品,还完全改良成了日本形式。虽然在奈良时代及平安时代也曾出现经油炸的唐菓子,但是并未普及。

德川家康在大阪夏之阵将丰臣家歼灭后,在来年的元和二年(1616年)一月,外出至骏河(今静冈县东部)的田中狩鹰。京都富商茶屋四郎次郎在旅馆里向德川家康进言:“此时京都流行油炸的南蛮料理。"没想到家康竟然意外地心情大好，充满好奇地表示想尝尝看这种南蛮料理。正好新鲜鲷鱼刚刚送到，于是立刻将改刀后朝向上方的鲷鱼肉，沾裹上面粉调制而成的面衣下锅油炸，再配上蒜头泥作为蘸料上呈给家康。

家康没想到炸物竟如此美味，因此不知不觉吃得太多。那天夜里家康腹痛如绞，自行诊断为食物中毒，紧急返回骏府城静养，可是状况并未好转，在同年的四月十七日，结束了他75岁的生命。上述内容记载于《德川实纪》一书，这段插曲广为人知。虽然文献中并未明确写出"天妇罗"一词，但其料理方式推测应为南蛮料理的一种，因此当时的料理应可推论为"天妇罗"。

450年前日本人的饮食习惯

身为传教士的路易斯·佛洛伊斯，在16世纪后半叶花了三十几年的时间滞留日本，与日本各阶层的人往来，上至织田信长及丰臣秀吉等战国大名，下至名不见经传的庶民，并将这期间的所见所闻，记录在众多的报告书当中。

事实上在佛洛伊斯所著的《日本觉书》中，仔仔细细地记录了日本人在信长及秀吉时代，也就是战国时代的风俗习惯，大家将发现当时的饮食与450年后的现在几乎无异，这点想必大家很难相信吧。在此从松田毅一、E. Jorissen《佛洛伊斯的日本觉书》(フロイスの日本覚書)中，摘录部分关于饮食习惯的内容简单为大家介绍(小标题与括号内的注释为作者标注)。

箸　我们(用餐时)所有的食物都是用手拿来吃，日本人则无论男女，从幼儿时开始就会用两支棍子(指的就是筷子)吃饭。

米饭 我们常吃面粉做成的面包，日本人常吃不加盐煮熟的米。

汤品 我们没汤也能正常用餐，日本人少了汤就吃不下饭(对日本人而言，每餐都少不了味噌汤)。

生食 欧洲人爱吃烤熟或煮熟的鱼，日本人则更喜欢生吃鱼肉(意指刺身，现在这种嗜好仍旧不变)。

咸味 日本人爱吃咸的东西，这与欧洲人偏好甜食的程度不相上下(日本人意识到过度摄取盐分的缺点，最近"减盐"已形成时代潮流)。

酒 我们喝的葡萄酒是用葡萄果实酿造而成，他们喝的酒(意指日本酒)全部都是用米酿制的。

茶 对我们来说，平时喝的水一定都是冰凉澄净的白开水，但是日本人喝的水一定得是热乎乎的，而且必须将茶粉溶解，用竹刷搅拌过后才行(这里的竹刷就是茶筅，这里的茶粉指的是抹茶。经研究发现，进入战国时代之后，日本人喝抹茶的习惯已经相当普及了)。

味噌 我们会在食物中加入各式各样的调味料加以调味，日本人则在食物中使用味噌。味噌是将米与腐败后的谷物加入盐巴混合而成的调味料。

盐辛 我们认为鱼类腐败后的内脏不受人喜爱，日本人却将这种食物当作佳肴，还非常爱吃(推测为鲣鱼或乌贼等盐辛类食物，由于经发酵后氨基酸会增加，因此具有浓厚的鲜味)。

炸物 我们将炸过的鱼视为美食，他们却不喜欢这种食物，反而偏好海藻类的炸物(参阅本书"油炸的南蛮料理"之说明)。

汤品与酱汁 我们通常觉得他们的汤品很咸，他们却认为我们的汤品淡而无味。

作为药物的米饭　在葡萄牙，人们会用不加盐煮熟的米作为止泻药，但是对日本人而言，不加盐煮熟的米就和我们的面包一样，属于日常食用的食物。

南瓜的引进

天文十九年（1550年），葡萄牙船只渡海来到丰后（今大分县），向藩主献上了欧洲文化，同时也呈上了南瓜，据说这就是南瓜的起源。天文十二年（1543年）枪炮从种子岛引进日本，在这个年代葡萄牙船只与荷兰船只陆续来到九州岛各个港口，开始从事贸易活动。他们还带来了诸如辣椒等在日本前所未见的蔬菜，其中就有南瓜。相较于其他蔬菜，南瓜在较短的时间内便流通至日本各地，依据《长崎夜话草》所云："长崎自天正时代（1573—1592年）开始，农家便已普遍种植南瓜，并靠贩卖给华人、欧洲人来维持生计。"而"南瓜"一名的由来，据说应该是源自东南亚的柬埔寨。

进入江户时代之后，在元禄十年（1697年）所发行，由宫崎安贞（1623—1697年）所著的《农业全书》中，便针对"南瓜"做了下述说明："南瓜理应来自南方，并非类似甜瓜、西瓜这类甜食，可与猪肉、鸡鸭煮成羹，或搭配鱼类、鸟禽煮食，料理方式千变万化。唐人用来观赏，西方人用来赏玩。"

南瓜煮熟后带有甜味，松软可口，因此在庶民之间也逐渐普及开来。起初，在九州岛称南瓜为"BOUBURA"（ボウブラ），关西称其为"NANKIN"（ナンキン）、"KABOCHA"（カボチャ），关东则将南瓜叫作"TOUNASU"（トウナス），久而久之演变成"KABOCHA"

(カボチャ)。BOUBURA似乎源自葡萄牙语中的“ABOBORA”。在同时代远渡重洋而来的农作物当中,还有西瓜、菠菜、地瓜等。

日本人钟爱的卡斯特拉

在织田信长及丰臣秀吉的年代,渡海来到九州岛长崎及平户的葡萄牙人与荷兰人带来了一些甜点,这些甜点统称为“南蛮菓子”。卡斯特拉(蛋糕)就是最具代表性的南蛮菓子,于天正年间(1573—1592年)由葡萄牙人传入长崎等地。“卡斯特拉”为葡萄牙语,日文写作加须底罗、家主贞良、粕底罗等。

卡斯特拉迎合日本人的口味,因此十分受欢迎,不久就出现了着手制作卡斯特拉的日本人。卡斯特拉最先在长崎开始生产,当初的卡斯特拉据说是由鸡蛋、面粉、砂糖制作而成的朴实甜点。来自欧洲的甜点十分稀有,但由于卡斯特拉不使用奶油等乳制品也能制作出来,单凭这一点,卡斯特拉便足以在日本生根。也就是说,在当时的日本还没有普遍使用乳制品的习惯。

长崎产的卡斯特拉备受好评,顾客群还扩及上层阶级,不久后长崎产的卡斯特拉便传至江户,成为江户儿女喜好的甜腻食品。人们设法在卡斯特拉中加进了类似和菓子的风味,甚至在茶会上开始端出卡斯特拉。此外,位于京都油小路的某家甜点屋,更是在卡斯特拉的广告宣传单中标示出下述功效:“每天吃这种甜点,可有效调和九脏,补益虚损,因此可避免衰老,使人长命百岁。”纵使标榜“使人长命百岁”有些言过其实,但在古代社会,天然的甜品被视为长生不老之灵药却是不争的事实,或许就是以这样的典故来引经据典。况且卡斯特拉使用了大量营养丰富的鸡蛋,就从这点来看，其优异的养生功效也会有别于其他甜点。在南蛮菓子中，另有将砂糖加热后使之鼓胀的焦糖甜品，还包括以砂糖制成的有平糖、金平糖、面包等。

第 七 章

江户时代的饮食

えどじだいのしょく

江户美食时代由此展开

江户美食之都的基石由家康一手奠定

丰臣秀吉攻下小田原城，北条氏灭亡后，德川家康奉秀吉之命移封至关东。家康于天正十八年（1590年）入主江户，不久后，江户便成为世界首屈一指的大都市，更发展成世界上罕见的美食之都，新形态料理逐一诞生。这些美食包括了握寿司、天妇罗、肉锅、蒲烧鳗鱼、荞麦面、盖饭、海苔卷等正宗江户料理，平成二十五年（2013年）以“三菜一汤”为主流的和食文化更是被列入世界非物质文化遗产。

追本溯源，正因为有德川家康入主江户，才得以奠定这片基石，促使具极致创造性的美味料理萌芽。家康入主面海的江户后，将修复老旧城池一事暂时摆在脑后，优先建造百姓居住便利的市镇，以及整备基础建设。例如大规模填土施工、整顿自来水管道以及修建沟渠等，从零开始打造出一座都市。大型商店的伙计陆续从京都来到江户，此外藩士们也纷纷因参勤交代制度（译注：为日本江户时代一种制度，各藩大名须前往江户替幕府将军执行政务一段时间，再返回各自领土执行政务）的开始，从日本各地往江户聚集，野心勃勃计划兴办事业的商人及浪人们，被建设热潮所吸引,全都一个接着一个鳞集于江户。

江户初期的粗俗野味

江户时代最初期的饮食习惯,想当然耳几乎与战国末期无异。主食为糙米,而且维持战国武士的模式,一天的饮食分成早、晚两餐。在风一吹就会扬起一片沙尘的江户时代初期,街上如有四处游荡的犬只,据说一旦被发现就会被人捕捉来料理。正如同"武家或商家和庶民都一样,没有什么食物比得上狗肉"(大道寺友山《落穗集》)这句话所描述的,战国时代的粗俗习惯依旧保留着。

江户幕府建立于庆长八年(1603年),在这40年后的宽永二十年(1643年)所发行的《料理物语》,便可自"兽部"章节中发现"狗肉"一词,并记载着"清汤、贝烧"等烹调方式。书中写到的其他野味还包括鹿、狸、野猪、野兔、水獭、熊等,最后才出现狗肉的烹调方式,完全反映战国食野味的风气。

来到江户市镇,一大早便能看见贩卖热食的摊贩在兜售鱼肉或蔬菜的煮物。此外,还有卖烤年糕、馒头及糯米丸子的店家,其中又以能让辛劳工作的百姓马上果腹的快餐最受人欢迎。

开始一日三餐

德川幕府安如泰山之后,战乱的时代告终,世人都能切身感觉到和平降临,这段时期人们的饮食生活也开始丰富起来。自江户时代初期起,庶民之间便开始习惯吃午餐,同时摆放在餐盘上的料理风味也更讲究了。例如,从战国末期保住一命活到江户初期的女子阿编，由她的一生即可充分了解当时饮食的变迁。

阿编的父亲名叫山田去历，为侍奉石田三成的一名低阶文官，在关原之战当下，全家一同进入了大垣城。三成在关原之战以败战告终，大垣城也遭到东军包围，承受了猛烈攻击。历经许多波折过后，阿编一家在城池即将被攻陷的前一刻逃出城外，远渡来到土佐（今高知县），自此过上安稳的生活。

阿编后来也结婚了，幸福地安度晚年，不过时代变化的动荡程度令人意想不到，阿编展现出在战国乱世幸存下来的强韧，她坚强地生活在这个世界上，并在宽文时代（1661—1673年），以80多岁的高龄离世。所谓的宽文时代，就是在元禄之前的时代。

住在江户的百姓，估计在进入元禄之前便已经开始"一日三餐"了。江户时代初期，以糙米饭为主流，一天吃早、晚两餐，不过在进入太平盛世不再战乱频发后，白米饭便开始成为主流。

早上吃现煮的"白饭"

在时代变化下形成的自由风气，造就饮食层次向上提升，白米饭更成为新时代的象征。江户的饮食文化详细记录于《守贞漫稿》一书中，针对江户百姓每日的用餐次数，书中列出了"三餐"这个项目。

> 平日用餐时，京阪地区会在午食（俗称"午餐"，又称"中食"）煮饭，再搭配煮物、鱼类或味噌汤等两三道菜一起食用。
>
> 江户地区则会在早上煮饭，然后搭配味噌汤享用，中

> 午及晚上则吃冷饭。不过中午会搭配一道配菜在午餐时食用，例如蔬菜或鱼肉等菜色，而晚餐只吃茶泡饭及香物。反观在京阪地区，早餐及晚餐都是吃冷饭及香物。
>
> 不过上述这三都(京都、大阪、江户)的饮食习惯仅为概述，为多数人的习惯。有些大户人家或大型店家三餐都会煮饭，而且三餐都有配菜和汤品，只是实属少数，还是以上述饮食习惯为最大宗。

此为一般人的用餐次数，现在也是一样。文中所谓的"三都"，意指江户、京都、大阪。而用锅子煮熟的白米饭则被称作"米饭"(KOMENOMESHI，こめのめし)或"白饭"(SHIROMESHI，しろめし)。

在江户，早餐一定会吃现煮的热腾腾米饭，搭配上味噌汤与香物。江户这座都市生活便利，住在长屋里的主妇就算不到商店采买，也会有挑着食物沿街叫卖的小贩或行商来到家门口贩卖各种食物。其中最受欢迎的就属豆腐与纳豆，不但买来即可食用，且价格便宜，口味不错又有益健康，所以成为早餐的必备菜色。

料多味美的味噌汤

早餐少不了的菜色，还有味噌汤。江户这座城市里有许多以身体为本钱的工匠，所以一个人过活时，总是将味噌汤淋在饭上三两下解决一餐，赶着去工作。像这样的吃的饭称作"汁饭"。汤品的配料会依据季节做变化，以蔬菜类居多，"ZAKUZAKU(ざくざく)汁"也是其中之一。"ZAKUZAKU(ざくざく)汁"意指内含大量蔬菜的“料多味美的味噌汤”，也就是兼具配菜及汤品的味噌汤。这种味噌汤的食用方式，一直持续到昭和时代(1926—1989年)中期左右。我们平时常用一菜一汤来作为粗食的代名词，但其实这个“一汤”里头包含了大量的当令蔬菜，是款营养满分的汤品。

为了健康着想，通常会建议一个成年人一天要摄取350克左右的蔬菜，但是现代人的平均摄取量仅有290克左右。想必江户人通过味噌汤、渍物、煮物等菜色，一天摄取的蔬菜量超过500克才对。另有川柳(译注:“川柳”为日本诗的一种，以口语为主)曰:“けんやくでざくざく汁に屋根が出来。”内容是说，将数种蔬菜大略切碎后倒入锅中煮熟，并在碗中堆得高高的如同屋顶一般，这样还能顺便节省餐费。事实上，餐点中时常见到的味噌汤，有时也能用来当作配菜。

江户初期的《江户料理集》云:“さくさく汁、小菜、中菜、大さくさく、小さくさく、ふだんのものである。”说明SAKUSAKU(さくさく)汁是将蔬菜等食材随便切一切烹调而成的味噌汤，并不是用来招待客人的讲究料理，而是一般家庭的家常汤品。“ZAKUZAKU”(ざくざく)似乎是引用自切菜的声音，另外还会将四季芳香风味融入ZAKUZAKU汁料理成“艾草汤”，别具一番韵味。

《料理物语》一书在“汁部”章节中有提到一种料理手法:“将高汤加入味噌中。接着将艾草大略切碎，并加入少许盐巴搓洗后倒入汤中;豆腐之类的食材则切成骰子状加进汤里。此汤品最适合于一月、二月、三月时食用。”将艾草煮成软软的口感，在香气正浓的初春时节最受欢迎。

包括ZAKUZAKU汁在内，味噌汤的主要配料皆为蔬菜，不过依据《料理物语》一书所言，江户时代初期使用的多为山菜或野草，诸如蜂斗菜、蒲公英、嫁菜、艾草、繁缕、荠菜、水芹、问荆、土当归、蕨、枸杞叶、五加科、野蒜等。通过味噌汤的配料所飘散出来的香气，人们就能感受到季节已然来到。江户为急速扩张的都市，生鲜蔬菜的供给系统仍未完善，因此才会有人将脑筋动到山菜、野草上吧？

八百屋的蔬菜种类

江户蓬勃发展，人口增加，进而蜕变成一座大都市，除了料理专门店之外，在武家及一般的家庭对于蔬菜的需求量也逐年上升。依据元禄十年（1697年）发行的《农业全书》（宫崎安贞）记载，当时习惯食用的蔬菜主要有下述几种：白萝卜、芜菁、油菜、红萝卜、茄子、小黄瓜、西瓜、南瓜、青葱、韭菜、藠荞、蒜头、生姜、牛蒡、菠菜、莙荙菜、蘘荷、蜂斗菜、紫苏、土当归、辣椒等。现在仍旧在市面上流通的主要蔬菜，在当时大部分都已经能够人工种植并上市了。

江户有如一个规模巨大的市场，由于它的出现，生鲜蔬菜需求量急剧增加，使得近郊农民必须扩大生产蔬菜的规模，才能满足购买需求。诸如练马白萝卜、千住葱、谷中生姜以及小松川的小松菜等，不少都是如今耳熟能详的江户蔬菜。

收割下来的蔬菜，会经由陆路或水路向神田、驹込、千住或日本桥等蔬果市场汇集，然后再转卖给江户各市镇的消费者。江户市镇的蔬菜流通方式，分成店家贩卖以及挑夫叫卖两种，依据《守贞漫稿》一书对于"菜商"的解释："通常在三都都称之为'八百屋'，日文读作'YAOYA'（やおや）。另外，在江户挑着蔬菜走在路上，单卖一种瓜类或茄子的小贩称作‘前栽卖’,但在京阪也把这种人称作‘八百屋’。”此外书中还解释道:“前栽卖意指不卖多种蔬菜,只卖瓜类、茄子,或是小松菜等一两种蔬菜的小贩。”反观“八百屋”则提道:“八百屋会贩卖好几种蔬菜,由此可知为何会如此命名。”邻近江户的农家,有时也会将自己田里栽种的一两种作物带到市镇上贩卖。江户是极为便利的都市,一到用餐时间,前栽卖与八百屋就会频繁出现。在式亭三马的《浮世风吕》一书中,便常出现这种场景:正当要准备午餐时,八百屋碰巧经过,于是出声唤住他:“太巧了,居然遇到八百屋。喂! 八百屋,我在叫你啦! 你等等我!”正当在挑选商品之际,八百屋竟然走掉了,后来又来了一个卖菜的。故事发展大致如此,陆陆续续会有各种贩卖食物的商人经过。蔬菜可用来做味噌汤、渍物、煮物以及调味料,为每餐不可或缺的食材,因此每天都会有人前来兜售。

白米饭配糠渍

饭一定少不了香物,江户儿女将用锅子煮熟的白米称作“白饭”(しろめし)或“米饭”(こめのめし)。白米KOUKOU(こうこう),元禄八年(1695年)的《本朝食鉴》记载:“早晚都少不了香物,餐后也一定会拿来配汤吃。”接着说明:“当餐点只有一碗饭和一碗汤,没有鱼肉青菜等菜肴时,香物就能在这一餐派上用场。或是在吃年糕粥、强饭、奈良茶泡饭这类料理时,香物同样也能配着吃,甚至于喝煎茶时也能用香物佐茶。”对江户的居民来说,吃饭或喝茶都少不了渍物的存在。而如此丰富的渍物文化,正是由白米饭催生而来的。

渍物中最受人推崇的，就是糠渍，在许多长屋人家的狭窄厨房里，都会摆放着装渍物的瓶瓶罐罐。所谓的“糠渍”（也称作“糠味噌渍物”或是“糠味噌酱菜”），就是用白米饭的副产物米糠作为腌料腌渍而成。这样不但能腌渍出酸酸甜甜的渍物，同时也有助于预防因为习惯吃白米饭后突然暴增的维生素B1缺乏症，也就是江户人引以为忧的脚气病。因为通过食用腌渍好的茄子、小黄瓜或芜菁等渍物，可顺便回收并摄取到米糠中富含的维生素B1。

参阅天保七年（1836年）《渍物早指南》的“糠味噌渍物”之做法即可明了，制作步骤与现在如出一辙。材料为米糠、盐和水，将这些材料充分搅拌均匀后，再将长时间腌渍的白萝卜渍物，或者是过去使用至今的糠味噌倒进去当作基底腌料，这样可提升风味，书中也提到“切记每天搅拌”，做法十分浅显易懂。该章节的开头处也有另外提出说明：“应该没有人家里没有糠味噌。”可知家家户户都会在厨房一角腌渍糠渍物用来配饭吃。还有这样一段描述吃饭时因少了糠渍物便缺乏食欲，只好自己想办法弄糠渍物来吃的川柳：“さい箸でぬかみそを出す妻の留守。”意思是说，虽然想吃糠渍物，但是不想把手伸进米糠味噌中。可惜老婆不在家，不得已只好用筷子翻动米糠味噌。

江户儿女是出了名的爱吃纳豆

江户是座便利的都市，一大早就有沿街叫卖的行商挑着各式食材来到城里。其中，卖纳豆的小贩也是一大清早便拉开喉咙叫卖，长屋里的主妇们听到后总是连忙扯下腰带飞奔而出。“納豆としじみに朝寝起こされる。”意指江户的早晨就从纳豆与蚬的叫卖

声中拉开序幕的。另外,还有下面这句川柳:“納豆を帯ひろ解けの人が呼び。”这句是在说,主妇们听到“卖纳豆——”的叫卖声便急忙夺门而出,总是衣衫不整拉扯着腰带。

江户儿女似乎十分爱吃纳豆,在江户执勤的和歌山藩士笔下的《江户自慢》也提道:“乌鸦总有不叫的一天,但是卖纳豆的却没有一天不来,可想而知这里的人有多爱吃纳豆。”《守贞漫稿》一书对于“纳豆买卖”也做了说明:“大豆煮熟后,会摆在屋内一个晚上再拿去卖。过去只在冬天贩卖,近年来连夏天也会贩卖。纳豆可以煮成汤,或是淋上酱油来吃。但在京阪一带通常都是自己在家制作,店里没有贩卖。”文中的煮成“汤”,意思是说煮成“纳豆汤”,也就是在说碎纳豆,小贩会将纳豆以菜刀切碎后,再搭配豆腐或蔬菜一起兜售。只要买得到碎纳豆,再倒入味噌汤中,三两下就能完成一道纳豆汤。江户儿女许多都是得早起的工匠,对他们而言,能够简单煮好,还能补充体力的纳豆汤是极为方便的食物。

进入江户时代后期之后,碎纳豆不再受人欢迎,改以粒纳豆为主流,与现在一样,人们开始将粒纳豆大量淋在米饭上头,并搭配调味料一同食用。这是因为随着浓口酱油的普及,江户儿女才发现了纳豆有别以往的魅力。在天保元年(1830年)的考证随笔《嬉游笑览》一书中写道:“过去纳豆只会在寒冷季节出现,现在夏天也有人挑出来卖了,不过卖的却是粒纳豆。”可见粒纳豆俨然已成主流。

一人份的粒纳豆要价四文钱(约80日元),同样分量的碎纳豆为八文钱(约160日元)。虽说是一人份,但是分量相当多,江户儿女每天都会将纳豆与作为调味料的葱花、芥末一起拌匀,再佐以酱油调味后食用。当时爱吃纳豆的人实在多到不行。

名产熟食与小吃店，再加上泥鳅汤

江户远近驰名的名产

如今备受欢迎的便当菜或家庭常备菜“佃煮”，就是将东京湾捕获的小鱼及贝类，还有海藻等食材，利用关东风味浓口酱油的特色，煮成甜甜咸咸且能够存放数日的熟食，也算是保鲜食物的一种。

佃煮的鲜味能够突显白米饭的风味，对于爱吃米饭的江户儿女而言，是颇受欢迎的常备菜。再加上佃煮不但美味且方便保存，因此诸大名的家臣在完成执勤任务要回乡时，都会将佃煮当作江户名产带回家乡，使得佃煮受到全国各地人的欢迎。

促成佃煮这道江户名产的关键点，始于德川家康，因为他想将江户这座城市发展成世界第一的大都市，因而奠定了都市成长的基石。家康在取得天下之前，路经摄津国（今大阪市）之际，因为突如其来的洪水导致无法渡河。正当一行人进退不得时，摄津国佃村的渔夫们将船驶出帮助他们过河，他们因此才得以顺利前进。

起初为味噌风味的佃煮

家康进入江户时，将30余名帮助自己解除危机的佃村渔夫召来，允许他们在江户附近的海域或河川捕鱼，同时还命令他们负责献纳将军家每日所需的渔获。一开始这些渔夫搬到武家府邸内生活，但在宽永年间（1624—1644年）获赠隅田川河口的潟湖，接着他们填海造地，并以故乡为名，取名作“佃岛”。他们除了可以用一张网捕捞闻名的银鱼呈献给江户城之外，也被允许有权自由贩卖剩余的渔获。

对于出海打鱼的渔夫而言，在船上用餐时，少不了即使在夏天也不易腐坏的耐储存食品。此时，将虾虎鱼、小虾、太平洋玉筋鱼、文蛤、花蛤等水产以盐及味噌熬煮而成的料理，据说即为最早期的“佃煮”。不久后，千叶制造的浓口酱油也在江户市面上流通，于是他们便开始使用这种浓口酱油熬煮成重口味的佃煮，以延长保存期限。佃煮起初为自家食用的熟食，逐渐备受好评后，在口耳相传下出现市场需求，于是顺理成章演变成一门生意，广受人们欢迎。

美味又便宜的好评熟食

另外佃煮在做法方面，也加进了一些巧思。这道熟食在料理的过程中，除了主要以浓口酱油熬煮之外，还使用了味醂、砂糖、香辛料，并且花时间慢慢炖煮入味。佃煮不仅能凸显出白米饭的风味，而且价格低廉又美味，且很耐放，因此大受江户儿女好评，久而久之便将之称作“佃煮”了，意指江户风味的佃岛美食。

佃煮从用银鱼、虾虎鱼、小虾、太平洋玉筋鱼、花蛤等海产作为食材的海鲜口味,发展成有昆布、海苔、豆类等各式各样的口味。而这些鱼类、贝类及海藻类,全都被认为是有益身体健康的养生食品,备受世人推崇。

在世界首屈一指的大都市江户,拥有众多雇员的大型商店里,佃煮通常被视为营养价值高且便宜的熟食,十分受重视,每次用餐一定会出现在餐桌上。

浅草海苔是从江户跃升京阪一带的头号美食

若说到日本早餐不可或缺的食材,海苔便是其中之一。早餐吃海苔的习惯是从江户儿女之间兴起的,他们会将烘烤过的海苔蘸上一些酱油,然后摆在热气腾腾的米饭上,用筷子熟练地包起来送进口中。微微的海苔香气在嘴里扩散开来,忙碌的江户儿女也能在早上稍稍感受一下奢侈的氛围。

依照江户儿女的吃法,通常会将海苔用火烤过再吃。因为海苔经烘烤后颜色会变鲜艳,鲜味也会倍增,更能将香气释放出来。江户内海为浅海滩,内湾岸礁上生长着丰富的天然海苔。江户时代初期,于宽永二十年(1643年)所发行的《料理物语》一书中,便有关于"浅草海苔"的记载,其料理方式与甘苔相同,可以冷汤或烧烤的方式做成一道佳肴。海苔一旦经火烘烤,就会变得香气四溢,也就是说,可以当作下酒菜或是配饭吃。

直到江户时代中期,一提到江户的美味料理,大多仍是来自京阪一带"流传下来"的美食;江户时代中期之后,江户特有的料理文化日渐发展起来,开始大显实力。而浅草海苔正是诞生自江户的具有代表性的美食之一,也可说是反过来从江户"向上反攻"的头号美食。浅草海苔是德川幕府长达260年的首都江户远近驰名的名产,其他地方虽然也能生产海苔,但还是以产自江户的海苔为日本首选。

立架养殖海苔

元禄年间(1688—1704年),人们已开始利用木头或竹子制成树枝状的架子养殖海苔。品川及大森在当时为海苔的产地,鼎盛时期从品川至大森据说共架设了长达12里(约47公里)的海苔架,并将这两处海岸所养殖的海苔于浅草加工成商品贩卖,因此称作"浅草海苔",不但风味佳且重量轻,还方便携带运送,因此十分受欢迎。

时间一久,浅草海苔便与佃煮齐名,成了最具代表性的江户名产,因具有江户特有的风味及香气,于全国上下打响名声。"潮引いて枯木に咲いた海苔の花"(译注:退潮后在枯木上绽放的海苔花)借由这首川柳,可联想出当时的养殖方式,而下述作品也是在形容这样的景色。"大森は海苔のなる木を植えて置き　大森は枯木を海へ植えるとこ"(译注:广阔森林种着海苔形成的树木,广阔森林是将枯木种在大海里所形成)。

进入江户时代后期,海苔卷登场,掀起了便当革命。海苔卷凌驾于过去的握饭团以及装在容器里的便当之上,受到热烈欢迎。经火烘烤后的海苔也常被撒在味噌汤或其他汤品中,或用于荞麦面及汤豆腐中。

"蕎麦切りに海苔さらさらと押しもんで"(译注:将海苔轻轻

地撒在荞麦切面上)。江户儿女早餐常吃海苔,海藻类含有大量钙质与维生素B1,有助于消除焦躁不安的情绪与压力,所以在江户这个人口众多的高密度社会,为了拉近人与人之间的距离,使彼此和睦相处,或许类似海苔这类的海藻类食物的存在是有必要的。

方便的小吃店

就在江户时代进入中期之后,江户的人口也来到100万大关,超过当时伦敦的70万人口,成为世界第一的大都市。在男女人口的比例方面,男性约占六成,女性在四成左右,属于压倒性的男性社会。这100万人绝大多数为消费者,因此食材必须从某人手中购得,所以衍生出与饮食相关的各种买卖关系。挑着食材在大街小巷兜售的小贩也是这种买卖关系中的一方,其贩卖的商品包含纳豆、豆腐、鲜鱼、熟食、蔬菜等,以刚捕捉到的、现做的食材居多,价格也便宜。

另外,也有摊贩或店家在贩卖食材,消费者可依个人喜好做选择。一般家庭会用采买来的食材料理餐点,但是江户这座城市有许多来自全国各地的男性在这里工作,所幸单身的人就算不下厨,也可在小吃店轻松买到想吃的食物。

将鱼类以及白萝卜、牛蒡等蔬菜料理后贩卖的小吃店,推估在江户时代初期就出现了,随后如雨后春笋般愈来愈多;但在明历大火(1657年)之后的宽文元年(1661年),却颁布了夜间小吃店及沿街叫卖等生意的营业禁止令。这场火灾,把近三分之二的江户化成灰烬。之后,为了预防火灾,夜间在路上用火的买卖都是禁令禁止的对象之一,日后同样的禁令也再三颁布,由此可见,大家似乎不太遵守禁令。单从这点来看，便可明了需要小吃店的消费者实在多到不行。后来，夜间的摊贩以及白天的小吃店，也都越发兴盛起来。

人气旺盛的座禅豆

当时，一般小吃店售卖的品种，包括煮鱼、酱煮蔬菜以及煮豆，任何一种食物都是能马上填饱肚子的，因此小吃店才会发展起来，这些小吃也逐渐演变成随时都能食用的常备菜。在《守贞漫稿》这本书中，便将江户时代后期的这种店叫作“菜屋”，其贩卖的菜色如下所述。

> 菜屋在江户四处都有。会将生鲍鱼、干鱿鱼、干鱿鱼块、烤豆腐、蒟蒻、慈姑、莲藕、牛蒡、牛蒡块这类食材用酱油熬煮，然后盛在海碗里，摆在店门口的架子上贩卖。有时连煮豆也有卖。煮豆腐在京阪一带较为少见，各有三四家在卖。江户的煮豆腐会分成香煎、豆腐泥、味噌这几种口味贩卖。另外，在三都都习惯将煮豆称作“座禅豆”。

在小吃店可以酌量买到想吃的食物，所以不会造成浪费，不喜欢自己开伙的单身汉都会常来光顾。小吃店最受欢迎的商品，就是煮豆。在家自己料理煮豆的话，实在很花时间。光是将豆子泡软、控制火候将豆子煮熟、调味等步骤，就得花上老半天。但是江户儿女却很爱吃这种煮豆。

如今，来到百货公司的地下美食街，在大盘子或海碗里，除了煮豆之外，还会陈列煮鱼、根茎蔬菜类的酱煮料理等，整个画面与江户时代的小吃店如出一辙。尤其甜味明显、方便保存的座禅豆人气最旺。座禅豆就是煮成甜甜口味的黑豆，相传原本是僧侣坐禅时，为了暂时抑制尿意才会吃的食物。后来成为江户武士及工匠等男性活力来源的常备菜，如今在超市的日本料理熟食卖场，也会陈列着酱煮黑豆，它仍是日本人气熟食之一。座禅豆用筷子并不容易夹起来，“から箸を三口ほど食う座禅豆”这段川柳即可证明。这段川柳的内容是说，座禅豆会从筷子上滑落，送到嘴边时只剩下空空的筷子。座禅豆也会用来当作过年的年节菜肴，自古便是不可或缺的下酒菜之一。

沙丁鱼颇受好评

来到元禄时代前后，市民的饮食层次也提升了，大量鱼贝类从房总、相模以及伊豆等邻近诸国运送至江户，其中最受欢迎的，就属廉价的沙丁鱼。尤其房总捕捞沙丁鱼的技巧有显著的进步，丰富了江户庶民的餐桌。在江户的深川还建造了沙丁鱼日晒场，使沙丁鱼成为极耐储存的蛋白质供给来源。小只的沙丁鱼称作“干鰯”，也能用作水田的肥料，有助于提升稻米的生产力。

干鰯又被称作“田养”，插秧之前将干鰯施于水田中的话，稻子会长得健壮，稻米的风味也会更好。元禄八年（1695年）的《本朝食鉴》中便写道：“因此将干鰯称作‘田作’。”《本朝食鉴》中也有提及沙丁鱼在经济方面的效益：“若以渔民一年所贩卖的各种鱼类来算，沙丁鱼的利润比其他鱼类高出十倍。”对渔夫来说，沙丁鱼的利润佳，哪怕便宜卖，也还是能够赚进大把金钱。

江户作为人口达100万人的大都市，米与副食的消费量也十分惊人。沙丁鱼可辅助江户庶民的主食——稻米产量的增加，同时也能作为日常的配菜，维护每一个人的身体健康。《本朝食鉴》载：“江户市民将沙丁鱼视为日常三餐的配菜，住在临山傍海的乡间村民，则会另外将其制成酱汁，用来取代味噌汤，称之为‘鰯汁’。由此可见，沙丁鱼是民间日常生活中不可或缺的食材。”所谓的鰯汁，就是用沙丁鱼与盐制作而成的鱼酱[也称作“鱼酱油”，类似秋田特产SYOTTURU（しょっつる）]，习惯用来作为味噌等调味料的替代品。

在江户初期宽永二十年（1643年）所发行的《料理物语》一书中，便针对“鰯”的料理方式列举出下述菜色：“なます（译注：切成薄片生食的料理），しゃか汁（译注：去除鱼头及鱼内脏再用盐煮过的料理），酢いわし（译注：以酢腌渍的沙丁鱼），黒漬け（译注：以曲及盐腌渍的沙丁鱼），焼いて（译注：烧烤），かす煮（译注：加入酒粕煮熟的沙丁鱼），鰯田作は煮物、なます、水和え（译注：鰯田用作炖煮料理、沙丁鱼鲙、沙丁鱼拌菜），たたみ鰯は肴（译注：沙丁鱼干用作下酒菜）。”

沙丁鱼干这种食材直到现在仍常被使用，而早在江户初期人们就已经开始食用了。沙丁鱼干是将日本鳀等沙丁鱼幼苗在未经烹煮的状态下直接铺平日晒而成，成品就像有网眼的薄板状，通常习惯稍微用火烤过后蘸酱油食用。《俚言集览》中记载：“沙丁鱼干是将小只的日本鳀捞起来，晒干成薄纸的状态，以五张、十张（为一组）的方式加以贩卖。”

也常有人用川柳描述沙丁鱼频繁作为白米饭配菜一事。“いわしより外を喰うと穴が明き”，这首川柳的意思是，老婆在碎念要是吃比沙丁鱼贵的鱼,家计就会出问题,所以吃沙丁鱼将就一下就好。“となりの子おらが家でもいわしだよ”,这种情景在长屋十分常见,那就是左邻右舍在吃饭时,全都会烤沙丁鱼来吃。

每道要价四文钱的熟食

《飞鸟川》一书是记载享保(1716—1736年)至文化年间(1804—1818年)江户的风俗民情之随笔,文中写道:“煮肴、にしめ、菓子の類、四文屋とて、两国は一面、柳原より芝までつづき大造なることなり。その他、煮売、茶屋、两国ばかり、何軒という数をしらず。”这段文字描述了两国周遭有成排的小吃店和甜点屋,十分繁荣兴盛。文中的“四文屋”意指鱼贝类、海藻类、蔬菜类、豆类等酱煮料理统一卖四文钱的摊贩,因为品项多且价格便宜,所以颇受欢迎。外出挣钱的男性、工匠、单身外派的商家雇员、学徒、在江户轮勤的武士等人最喜欢光临四文屋,四文屋也满足了江户儿女的胃。

相对于摊贩,肩上挑着食物等商品沿街叫卖的商人,日文称作“棒手振”或“担卖”。挑来卖的食物大多会随季节做变化,因此叫卖声也会不同,他们是四季的表演者,成了大街小巷的风情诗。此外,他们几乎会在固定的时间出现,也具有报时的作用,深受居民欢迎。

江户的早晨会在沿街叫卖声中开启序幕,起得最早的是卖豆腐与卖纳豆的小贩,接下来是卖蚬的,而上述每一种都是江户庶民钟爱的早餐食材。沿街叫卖的商品并非全部都是每样四文钱,各种食材皆有不同定价,不过所有商品的价格都十分低廉,容易入手。“豆腐屋は時計のように廻るなり”,意思是卖豆腐的小贩会在固定时间出现,十分可靠。“納豆としじみに朝寝起こされる”,意

思是江户的一天就在纳豆及蚬的叫卖声中拉开序幕。

倘若收录在江户大街小巷沿街叫卖的小贩声音,就会像下述这样。

卖蚬的叫卖声:“しじみよー、しじみよー。”(来买蚬喔——来买蚬喔。)

卖纳豆的叫卖声:“なっと、なっとー、たたきなっとー、なっと。”(纳豆——纳豆——碎纳豆——纳豆。)

卖菜的叫卖声:“一ひしお、金山寺味噌、醤油のもろみ。”(味噌酱、金山寺味噌、未过滤的酱油。)

卖腌梅子的叫卖声:“梅ィぼうしや、梅ィぼうしや。”(腌梅子唷,腌梅子唷。)

卖沙丁鱼的叫卖声:“エー、いわしこい、エー、いわしこい。”(耶——沙丁鱼来了! 耶——沙丁鱼来了!)

卖渍物的叫卖声:“菜漬け、なら漬け、南蛮漬け、なづけはようございい。”(菜渍、奈良渍、南蛮渍,好吃的菜渍。)

卖海苔的叫卖声:“のりや干しのり、干しのりや、干しのりー。”(海苔,日晒海苔,日晒海苔。)

卖煮豆的叫卖声:“豆やァ、枝豆ェ。まめやァ、えだまめー。”(豆子,毛豆——豆子,毛豆。)

卖鳗鱼的叫卖声:“蒲ァ焼きはよう、蒲焼き。”(蒲烧鳗来了,蒲烧鳗。)

泥鳅汤的功效

江户这片土地原本为泥鳅栖息的潮湿地带,后来填土造地才逐渐发展起来，因此四处都有堀川流经，也存在着池塘及沼泽，总有泥鳅或鲫鱼等鱼类悠游其中。

江户后来也出现卖泥鳅的商人，只要有心，想抓泥鳅并非难事。《本朝食鉴》记载："身上有非常多黏液，又滑又黏，很难三两下抓到。身长不过六七寸，味道非常鲜美。"泥鳅吃起来不但美味，又能补充体力，还可改善精力衰退的问题。在江户这座城市里，甚至谣传泥鳅能治中暑或贫血。此外，泥鳅还具有解酒的成分，因此更传言喝酒配泥鳅火锅的话，可避免烂醉如泥。《本朝食鉴》对于泥鳅的功效做了下述说明："可温暖肠胃，益气、补肾、调血，专治性功能衰退。还可止汗、消渴、解酒。"

江户初期有许多沼泽及河川，常能捕获泥鳅，泥鳅汤在当时十分受欢迎。那时候的泥鳅料理方式记载于《料理物语》一书中："将高汤加入味噌中充分加热，也能掺入稀释后的酒粕。配料为牛蒡或白萝卜。"书中还写到汤里的香辛料可加点山椒粉或山椒叶。

在江户这座城市里还能吃到柳川锅，柳川锅是在天保时期（1830—1844年）位于横山町一间叫作"柳川"的店内的料理，做法是将泥鳅切开后去除鱼骨及头部，与片成薄片的牛蒡一起用浅锅烹煮，最后加入滑蛋后即可上桌，所以便称之为"柳川锅"。"ひと足ちがいで牛蒡ばかり食い"这首川柳的意思是说，一起吃锅的朋友，因为手脚迟了些，结果泥鳅全被吃光光，只剩下牛蒡能吃了。临近幕府末期之际，泥鳅愈来愈受欢迎，其气势已可与蒲烧鳗鱼并驾齐驱，价格也扶摇直上。

四季巡礼

江户的赏花活动

住在江户的居民常说："玩乐一天能多活百年。"(《江户繁昌记》)因此，江户人总是兴冲冲地外出赏花。想当然耳，当时赏的是樱花。一提到赏花，首先不得不提到上野的山区。此外，还有王子的飞鸟山、品川的御殿山等名胜，但是进入江户时代后期之后，隅田川变成了最受欢迎的赏花胜地。

《江户繁昌记》(寺门静轩)一书在描述过度成熟发展的天保(1830—1844年)世态，而关于隅田川赏花的记载如下：

> 武藏野的广阔原野变成首都后，筑起了堤防种满樱花，时间一到便朵朵盛开，如今已凌驾上野，与飞鸟山并驾齐驱，更远远超越御殿山。赏花时节蜂拥而至的人群，也是江户第一。

接着对樱花堤防的风景描述如下：

> 春风和煦吹过，引人出神，连绵数里的堤防上满是樱

花，浓淡交杂，盛开花景如同乌云沉下、雪花凝结一般。

隅田川堤防上挤满了赏花游客，有带着大批学徒结队成行的学堂老师，也有宫中侍女团体，甚至还有乱发酒醉赶流行的僧侣。另外，住在外地的小妾、从乡下进城的老夫妻也全在旅馆人员带领下前来观赏花景，好不热闹。笃学好古的儒者将装有酒的葫芦悬挂腰间，武士则骑马赶来。

樱花路树周边有许许多多的茶屋、糯米丸子店、料理店，年年生意兴隆。《江户繁昌记》一书还称赞："新推出的樱花年糕，胜过传统烤糯米丸子。"而这里所说的樱花年糕就是长命寺的樱饼。

隅田川的樱饼

相传三代将军家光前往向岛狩鹰时突然腹痛，后来喝了附近寺院内涌出的纯净井水后，腹痛便不药而愈了，自此称呼这座寺庙为"长命寺"。长命寺门前有一家山本屋，这里的樱饼是江户名产。推出樱饼这款产品的山本新六，听说是千叶县铫子人，来到当地担任长命寺的守卫。

他是个脑筋灵活的人，见到隅田川堤防上一长排的樱花树，马上联想到樱花树叶能够善加运用。于是，他将樱花叶以盐腌渍后，再用它将年糕包起来，如此一来，叶片的香气便渗透进年糕里，凸显年糕的风味使之变得更为可口。原本这种手工甜点是提供给扫墓的人食用的，但在口耳相传下，新六于享保二年(1717年)在山本屋门前创业并开始贩卖。这就是樱饼的源起。

樱饼的做法是将做年糕的糯米面团压平后再稍微烤过，接着

樱饼

包入内馅,最后用樱花树叶包起来。樱饼特有的芳香气息,来自樱花叶经盐腌渍后所形成的名叫“香豆素”的成分。在新六玩票性质下推出的樱饼,经由岁月的催化,不仅成为向岛的名产,更变成江户的名产之一,远近驰名,几乎无人不晓。

泷泽马琴(1767—1848年)的随笔《兔园小说》中以“隅田川樱饼”为题的文章里头,便对隅田川樱饼的热卖情景有所描述。依据书中记载,文政七年(1824年)樱饼的销售业绩为:“一年需腌制31桶樱花叶。而每一桶大约有25000片樱花叶,合计共775000片。一块樱饼需要用到两片樱花叶。”光这一年,合计一年内便卖出了大约387500个樱饼,由此可知樱饼有多么受到欢迎。而且其中绝大半数都是在赏花季节卖出去的,实在叫人目瞪口呆。

夏天就该“喝凉水”

江户可能是由于住宅鳞次栉比,人口也过于密集之故,夏天十分闷热。江户人为了引进凉意,进而发展出能舒适度过夏季的生活文化。其中之一就是洒水,由于庭院及通道在阳光照射下会闷聚热气,因此借由洒水使空气产生对流,以便通风。另外还有一种生活文化,就是挂风铃。当河风吹过,“叮铃——叮铃——”的清凉音色就会不停地传来。

卖凉水的也会上街兜售,嘴边挂着“卖凉水、卖凉水”,招揽生意。都市风俗民情考证书《守贞漫稿》便针对“卖凉水的”做了以下描述。

> 夏天会从清冽泉水汲取凉水,加入白糖及糯米丸子,一碗卖四文钱。也会视客人需求,加入更多的糖后一碗卖八文或十二文钱。兜售时嘴边会喊出“卖凉水、卖凉水”的叫卖声。不过在京阪一带一碗大约卖六文钱,但是只加白糖没加糯米丸子,所谓的卖凉水的无须多言,即为卖糖水的小贩。

加入砂糖及糯米丸子的冰凉甜饮一碗四文钱,换算成现在的币值约80日元,所以算是相当大众化的食物。

“水粉”的智慧

江户城的地下会埋设石桶或木桶作为自来水管道,因此一到夏天自来水的温度就会上升,所以才会有卖凉水的小贩出现,他们嘴边挂着“卖凉水、卖凉水”的叫卖声,挑着专供饮用的水到街上卖。尤其在夏天的澡堂入口,叫卖声更是响亮。“喝凉水啰,卖凉水!刚刚汲取来的,喝凉水啰,卖凉水!”像这样的叫卖场景,便曾在式亭三马所著的《浮世风吕》中登场过。一听到叫卖声，澡堂里的男性客人便会走出来买凉水："喔喔，卖凉水的来得正好。卖凉水的老板，给我四文钱的凉水，记得帮我加点白糖或冰糖。"因为刚泡完澡，喉咙正干渴着。

镇上的人家想要避暑时，习惯将"麦粉"溶于水中，再用砂糖增加甜味来喝，尤其女性及小孩子最喜欢如此调制。《本朝食鉴》一书的记载如下所述。

> 如今会将麦子炒香后磨成粉，夏天喝冷水时再加进水中，搅拌后饮用。有时也会加入砂糖。大家都说这么做的话，喝水就不会伤身，还能消除暑气，有益胃气。于是家家户户都会磨制这种麦粉。

麦粉香气足又美味，且对身体十分有益，因此在当时，世人褒赞麦粉为"水粉"或"麨"。麦粉含有大量维生素B1，所以理应有助于消除夏季疲劳。另有名叫"麦汤"的饮品，也就是现在的麦茶，通常是将麦子炒熟后加水炖煮，增添甜味后再冰冰凉凉地饮用。据说喝下麦汤就不会中暑，这点道理和水粉如出一辙，应该都是因为含有维生素B1的关系。

秋天必吃减盐秋刀鱼

据说秋刀鱼这个名称，是从"狭真鱼"这个形容鱼只形状细长的名词转化而来，过去也曾用"三马"或"三摩"来称呼，日文称作"SAIRA"（さいら）。在古文献中找不到秋刀鱼这个名称，直到江户时代中期以后，秋刀鱼才开始受到欢迎，并广泛被食用。

记载江户时代世俗杂事的《续飞鸟川》一书针对秋刀鱼有下述描写："加盐腌渍的鱼、廉价鱼，无人食用，仅下等人会拿来吃。自宽政时代（1789—1801年）开始，秋刀鱼逐渐成为大众食材之一，也会用来招待客人，价格也上涨了。"在天保二年（1831年）的《鱼鉴》中写道："不知汉名为何，秋冬之际盛产于房总海边一带，会加入少许盐巴腌渍后贩卖。如为新鲜渔获，则会烤熟后食用。无法作为高级料理，也不适合病人食用。京都称之为'细鱼'。"

临近幕府末期之后，在江户掀起了一阵秋刀鱼风潮。俗语辞典《俚言集览》便在"秋刀鱼"此一章节写道："三马，鱼名，与细鱼十分相似。通常会以盐腌渍后运送至江户。曾有一段时间，民众因想尝鲜而争先恐后买来食用。"更有下述川柳与秋刀鱼有关，"焼ざかなうちわを読んで叱られる"。意思是说，当秋天太阳西下时，妻子麻烦丈夫烧烤一条肥美的秋刀鱼，丈夫升起炭炉的火后读了团扇上的文字，没想到此时秋刀鱼竟然烤焦了，惹得妻子大冒肝火。

秋刀鱼夏季会栖息在北太平洋或鄂霍次克海，入秋之后，为了产卵才会开始南下至北海道海洋、三陆海洋一带，在最肥美的状态时，于秋天来到秋叶房总海洋一带。将在这片海域捕捉到的秋刀鱼，撒上少量盐巴后堆积起来，再用快艇运送至位于日本桥的鱼市场。经海浪左摆右荡之后，盐巴正好入味，腌渍成世界第一美味的减盐秋刀鱼。江户儿女将这种减盐秋刀鱼称作"半盐秋刀鱼"。"半盐"意指仅用一半分量的盐巴，也就是减盐后腌渍得恰到好处的秋刀鱼，烧烤后相当可口。

落语（译注：日本的一种传统表演艺术）"目黑的秋刀鱼"（目黑

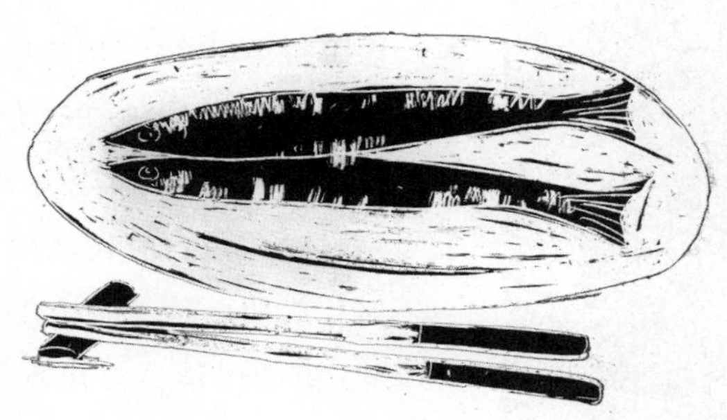

秋刀鱼

のさんま)中有提到准备远行的大人,他就是偶然之中在农家品尝到秋刀鱼这道款待客人的菜品而惊为天人,因此才会衍生出这段插曲,可见减盐秋刀鱼有多么美味。

冬天吃药喰

江户时代在进入后期之后,出现了将野猪肉、鹿肉、熊肉、兔肉当作药材买卖的店家。百姓们都会称之为“药喰”,十分乐于用作配菜或是下酒菜。在江户的野味风潮影响下,尤其到了寒冬时节,人们为了暖和身体会开开心心地享用。

“大致上肉都会搭配青葱加以料理。为每一位客人准备一个锅子,放置在火炉上。爱喝酒的人会配着酒吃,不喝酒的人会配饭吃。火一升起,肉就能煮熟,煮得愈久愈美味。”上述这段文字便记载于出版自天保年间《江户繁昌记》一书的“山鲸”章节开头处。由此看来,这与现代烧肉店的店内景色一模一样,实在叫人惊讶。

“山鲸”一般用来暗指兽肉,主要意指野猪肉。由于鲸鱼的红

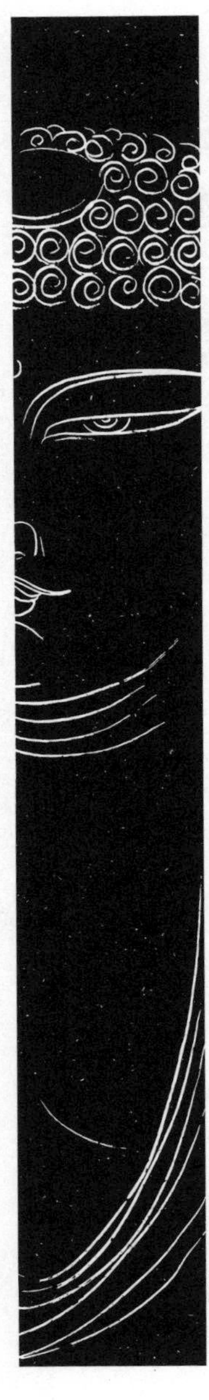

肉只要下锅煮熟，就会变得像野猪肉一样，所以野猪肉也称作“山里的鲸鱼肉”。日本长久以来由于佛教的关系，有回避吃兽肉的习俗，因此才会用暗喻的方式来表现。长时间的禁忌在进入江户时代之后开始放开，到了江户时代后期之后，名为“兽肉屋”“山奥屋”“妖怪屋”等的肉铺公然出现，如此无上美味的食材，除了老百姓之外，就连武家也垂涎不已。

肉锅依照锅子尺寸分成大、中、小锅，小锅要价五十文钱（约1000日元）、中锅为一百文钱（约2000日元）、大锅为二百文钱（约4000日元）。《江户繁昌记》还有提到肉锅受欢迎的程度：“近年来肉的价格逐渐攀升，与鳗鱼不相上下。但是肉的风味佳，而且能有效迅速补精养气，因此在价格方面不会造成影响。”野兽的种类包括野猪、鹿、狐狸、兔子、水獭、狼、熊、羚羊等，这些野味通常会被堆放在肉铺门口。

以山鲸为主的药喰店，过去在曲町只有一家，但是《江户繁昌记》中也提到，在当时近20年的时间里，肉铺的数量有如雨后春笋般增加，久而久之形成牛锅文化的先驱，象征明治时代初始的文明开化。

江户风味四大天王

荞麦面

信州为荞麦面之乡

荞麦这种作物原本种植于山村旱田，或是水利不便不适合水田的高山地区，除了烫荞麦粉这种食用方式之外，也会料理成荞麦粥、荞麦年糕、荞麦馒头、荞麦丸子等食用。到了中世纪，食用荞麦的方式已经变得多种多样，但唯独缺少像乌冬面那样分切成面条的食用方式。因为即便想方设法多方尝试，荞麦缺少类似面粉具有黏性成分的麸质，因此一切就会散开。虽然设法用豆腐、温水，甚至于用煮饭时产生的煮米水来增加荞麦粉的黏性，但还是无法如愿将其制成面条。

不久后，人们参考乌冬面的做法，在荞麦面中掺入面粉，利用面粉的黏性，成功将荞麦制成面条。掺入面粉的荞麦面，并不会像100%使用荞麦粉制成的面食一样口感过硬，可呈现适中的柔软度，吃起来十分美味。于是，荞麦制成的面条就这样出现在世人眼前，称作“荞麦切面”，以便与当时最具代表性的荞麦吃法，也就是“烫荞麦粉”做区别。

“荞麦切面始于甲州（今山梨县）。起初是由于前往天目山参拜的信众众多，当地人贩卖食物给参拜信众时米麦不够用，才会提供烫荞麦粉给信众吃，后来参考乌冬面的做法，于是才开始制作荞麦切面。”江户时代中期的《塩尻》（天野信景）一书中，便有提到这就是荞麦面的起源。

但是比《塩尻》一书著作年代更早的《毛吹草》（1645年）曾记载各国名产，当中信州（今长野县）的名产便以“荞麦切面”著称，书中写道：“荞麦切面始于信州。”由此可判断，荞麦切面应该是起源自信州。元禄年间的《本朝食鉴》一书中也提到，虽然各地都会制作荞麦面，但是“比不上信州生产的荞麦切面”。

从乌冬面到荞麦切面

现在也同样是东京人偏好荞麦面，京阪人爱吃乌冬面。其实这种饮食偏好，始于江户时代。在德川幕府创始期，有非常多的人从京都一带移居到江户，所以乌冬面备受欢迎。而当信州及甲州等关东周边与东北地区的人们来到江户工作后，江户人口不断增加，形成饮食嗜好翻转的现象，使得荞麦面的人气压倒性地飞涨。就连“荞麦切面”的做法，也不能否定可能是由来到江户的信州人或甲州人带进来的。当时，这些地方为荞麦粉的产地，也是荞麦饮食文化的发源地，甚至于在江户销售的荞麦粉，大部分也是从信州或甲州运送过来的。

在江户市镇发展起来的外食产业不胜枚举，其中受到庶民压倒性支持的就属荞麦面。荞麦面方便又快捷、便宜又美味，这对于性子急没耐性的江户儿女来说，完全符合他们的需要。将面条吸进嘴里要发出声音的吃法，也恰恰迎合江户儿女的性情。从营养层面来看，荞麦面也很适合忙碌的江户庶民食用。对于身体就是本钱的工匠而言，荞麦面更富含可提供能量来源的碳水化合物，以及必须与碳水化合物同时摄取的维生素B1。

“二八荞麦面”登场

江户时代初期，荞麦面一般由甜品店生产，但是自从人们开始往荞麦粉里掺面粉并烹煮成一碗荞麦面之后，则是由以料理为本业的乌冬面店一并负责荞麦面的后续料理工作。《用舍箱》（柳亭种彦）便针对这段时间的变化做了以下描述：“从前流行吃馄饨，所以会在卖馄饨时顺便卖荞麦切面，如今则是荞麦切面受到大众欢迎，于是顺便兼着卖馄饨。‘慳贫店’这个称呼始于宽文时代（1661—1673年）中期，直到享保时代（1716—1736年）都尚未出现‘荞麦店’这号名称。”

相传，无论是乌冬面还是荞麦面，最早都是沿街叫卖的，到了宽文左右才开始有店铺出现。关于“慳贫”一词，在幕府末期的《守贞漫稿》一书做了下述说明：“正如‘慳贫’一名所示，意指不强迫，一开始用来称呼荞麦面，后来用作饭名，接着又用来作为酒名。”所谓的慳贫荞麦面，意指仅限盛一次的荞麦面。店家将荞麦面端给客人后，便不会再有任何相关服务。由于用餐方便，反而受到急性子的江户儿女欢迎。

江户儿女吃慳贫荞麦面的一贯做法，就是荞麦面要吃得干净利落，吃完后将钱啪锵一声摆在桌上，然后迅速离开。慳贫吃法也进而影响到其他的饮食方式，成为江户饮食文化的风潮之一，诸如饭、乌冬面、酒以及在路边摊立食等快餐皆是如此。

依据《守贞漫稿》一书记载，使用面粉增加黏性的二八荞麦面，于宽文年代便已经出现了。翻阅其他作品，说明如下：“二八荞麦面始于宽文四年。”荞麦面的吃法大致上可分成两种：一种将荞麦面高耸地盛装于蒸笼中，蘸着荞麦面酱搅着吃称作“盛”，为“盛荞

荞麦面

麦面”的简称;另一种将荞麦面盛装于海碗中,淋上酱油高汤来吃的称作“挂”,也叫作“打挂”。自江户时代营业的高级荞麦面店,以“盛”这种吃法为主。

临近幕府末期之后,加入各种食物的挂荞麦面陆续登场,并催生出荞麦面有别以往的魅力。

参阅《守贞漫稿》可发现记有下述文字:“挂荞麦面盛装于碗公中。搭配天妇罗、撒上海苔的荞麦面,搭配玉子烧以及鱼板等食材的荞麦面,搭配干贝等食材的荞麦面,撒上葱花的荞麦面等,也都是盛装于碗公中的。”初期的荞麦面蘸酱,一般会使用液态味噌加上柴鱼高汤与白萝卜汁,但是随着浓口酱油的普及,味噌被独具特色的关东风味浓口酱油取而代之,使得荞麦面越发受到大众喜爱。

天妇罗

路边摊的天妇罗料理

在车斗上搭起简单的屋顶,下方摆满一套料理用具,这便是所谓的路边摊。主要盛行于江户，相形之下路边摊在京都一带并不像江户这边受到欢迎。路边摊会当场油炸、炖煮、氽烫、烧烤，将料理迅速完成以供客人食用，而且会以便宜的价格提供给消费者。

路边摊十分迎合急性子又不喜欢等待的江户人，因此到了江户时代后半期，生意变得非常兴隆。推估路边摊出现于江户时代中期，日渐汇集人气，进入天明期（1781—1789年）之后，道路两侧几乎摆满成排的路边摊，热闹非凡。

天妇罗的生意也是始于路边摊。炸天妇罗的时候会冒出油烟，还会使用容易起火的油，若在室内易引发火灾。而路边摊可以在路边当场快速地为食客提供现炸的天妇罗，因此这种营业方式，十分适合用来做天妇罗料理的生意。路边摊料理的种类，除了天妇罗之外，还包括蒲烧鳗鱼、寿司、关东煮、麦饭、烤地瓜、水煮蛋等，大概都是每样四文钱，依据米价换算的话，四文钱大致是现在的80日元。

天妇罗蘸酱与白萝卜泥

在路边摊当中，以天妇罗摊的生意最为兴隆。油炸这种烹调方式，起初是京都一带惯用的料理手法，后来也传到了江户，由于十分迎合江户儿女的喜好，因此大为流行。“天妇罗”一词的起源众说纷纭，正如同本书“战国时代的结束”一节中所提及的“油炸的南蛮料理”所示，以源自葡萄牙语的“tempero”（烹调）此一说最为可信。也就是说，天妇罗是由葡萄牙人传入的南蛮料理，再经日本人改良而成。最初始于长崎，后来流传至京阪一带及江户。

引人垂涎的四溢香气和酥松脆嫩的口感以及站着吃的便利，都是天妇罗路边摊的优势。而天妇罗盛行的背后因素，在于油品流通量的增加。因为进入江户时代中期之后，菜籽油及麻油的生产步入轨道,使得这些油品在江户市镇也能便宜上市。此外,浓口酱油还推出了江户特有的咸甜口味天妇罗蘸酱,可有效将天妇罗特有的油腻味转变成鲜醇味。

路边摊会将刚炸好的成串天妇罗陈列在大盘子中,旁边则会有盛装天妇罗蘸酱的大碗及内有白萝卜泥的盘子,客人站着挑选想吃的天妇罗串,接着直接蘸取天妇罗蘸酱,上头再摆上白萝卜泥,然后送进口中。庶民站在路边摊开心享用热腾腾的天妇罗的模样,完全展现在下述川柳当中,"天ぷらの店に筮を立てて置き"(译注:在天妇罗摊立起筮竹)。"筮"为占卜用的筮竹,竹签被看作是筮竹。另有一篇作品写道:"筮竹で判断させる天ぷら屋。"(译注:用筮竹来评断天妇罗摊。)意指竹签愈多的摊贩,可自夸愈受欢迎,口味愈好。

江户风格就是"食材占七分、手艺占三分"

江户时代后期,式亭三马的《浮世床》一书记载着一篇故事,描述素行不良的学徒被理发店老板娘的老公斥责:"叫你去跑腿总是拖拖拉拉,去澡堂总是与人吵架被告状,只要有机会外出就会买天妇罗或大福饼来吃,你这孩子真叫人伤脑筋。"不仅是小学徒,能让普通百姓用较少的钱就能欢欢喜喜饱餐一顿的街角快餐,非天妇罗莫属。

常说天妇罗这种食物是"食材占七分、手艺占三分",这句话说得一点也没错,无论料理师手艺多高超,食材质量不佳的话,天妇罗保证不会好吃。幸好江户附近的海湾当时是极为理想的渔场,可捕捉到诸如海鳗、周氏新对虾、窝斑鰶、乌贼、多鳞鱚、贝类等,因此江户附近海湾的小鱼及贝类就是绝佳的天妇罗食材。

从郊外运来的牛蒡、地瓜、莲藕、山芋等食材,可料理成蔬菜炸

物，这些同样备受欢迎。更有下述川柳如此描述。

寺料理菊の葉にまで衣着せ
安法事衣着て出るさつまいも

用菊叶炸成的天妇罗，其若有似无的苦味引人入胜，至今仍习惯如此享用。素食炸物以地瓜来料理。

天ぷらの指を擬宝珠へ引んなすり

会用到火及油的路边摊，大多会在桥畔或河川附近做生意。

这里“擬宝珠”是指桥栏杆柱子上的铜制装饰物，当天妇罗的油沾附在手指上的时候，人们通常习惯抹在这个拟宝珠上。

蒲烧鳗鱼

先开背再蒸

在夏季炎炎酷暑下，吃鳗鱼培养体力，利用鳗鱼的营养功效，让我们在保健饮品未上市的时代舒适度过，先人的智慧令人佩服。《本朝食鉴》针对鳗鱼的功效做了下述解说："能治疗性功能障碍以及消除疲劳，是因为可以暖肾、壮阳、健气、肥肉、杀菌预防感冒。"但是不管多有效，假使不够好吃就不会让人想一吃再吃。所幸蒲烧鳗鱼极其美味，这是由日本人研发出来的最好吃的鳗鱼料理方式，与米饭的风味十分合拍。

在多种蒲烧鳗鱼的料理方式中，江户蒲烧鳗鱼的做法备受认同。江户地区在制作蒲烧鳗鱼时，会先将鳗鱼开背后去头去尾，再将鱼身切成两半，头尾侧分别以竹签串起来，接着直接两面烧烤后再蒸，最后再一边蘸酱一边烧烤。鳗鱼含有丰富的油脂，但是蒸过之后即可去除多余的脂肪，鱼皮及鱼肉也会变得柔嫩，使美味的蒲烧鳗鱼变得入口即化。这正是江户风味蒲烧鳗鱼美味的精奥之处。

相对于江户蒲烧鳗鱼的料理手法，京都一带的做法基本上会从鳗鱼腹部剖开，然后用金属签串起后整只鳗鱼直接烧烤，接着蘸过酱汁后再进入主要的烧烤步骤，并于盛盘前才去头去尾，最后将鱼头烹调成另外一道料理。

大阪蒲烧鳗鱼的做法少了蒸的步骤直接烧烤，因此风味浓厚，鱼肉也较硬一些，不过以这种方式制作出来的蒲烧鳗鱼，口感及厚实风味也相当引人垂涎。

蒲烧鳗鱼的魅力，说穿了还是在于酱汁的香气，但在进入江户时代后期，才开始使用在酱油里加入味醂及砂糖熬煮而成的酱汁。《守贞漫稿》也写道："在酱油里加入味醂，然后蘸着这种酱汁烧烤，最后盛装于瓷器浅盘里端上桌。"此外，书中还说："而且还会加上山椒。"由于蘸酱具有独特的香气以及麻痹味觉的辣味成分，因此可中和鳗鱼的腥臭味与油腻感，反过来还具有凸显鳗鱼鲜味的作用。

江户前与"旅鳗"

"江户前"这个名词，是从江户时代中期开始被人创造出来使用的，意指在江户城前方海域及河川中所捕获，有别于其他地方出产的美味渔获。江户儿女总是享用着日本第一奢华的食物，他们的剩菜剩饭或是味噌汤里的残渣从厨房下水道流入河川后，正好提供给栖息于此处的鳗鱼等鱼类食用，使得它们只只肥美又可口。安永四年(1775年)的《物类称呼》一书，便针对江户的鳗鱼做了下述描述："在江户将出产自浅草川、深川的鳗鱼称作'江户前'，其他地方出产的鳗鱼则称作'旅鳗'。"在江户将出产自浅草川(隅田川下游被称作"浅草川")及深川的鳗鱼称作"江户前鳗鱼"，美食专家们更公认美味的鳗鱼唯有"江户前"。

反观来自其他地方的鳗鱼则称作"旅鳗"，被视为风味劣等的便宜货。话虽如此，但当需求量增加后，光靠江户出产的鳗鱼并不足以应付所需，所以才会大老远地运送旅鳗至江户来。下述这篇川柳便说明了当时的情景。"丑の日にかごで乗込む旅うなぎ"，大意是说，在立夏前18天的土用丑之日，为鳗鱼的大凶之日。而非江户前鳗鱼的旅鳗，则全部被冠上风雅的"江户后"之名号。

《守贞漫稿》记载，蒲烧鳗鱼配饭一起享用的这种简便吃法，在

京都一带称作“MABUSHI”(まぶし),江户则叫作“DONBURI”(どんぶり)。无须多做解释,“DONBURI”就是鳗鱼盖饭的简称。

鳗鱼饭搭“分裂筷”

文化时期(1804—1818年),日本桥堺町有位剧场老板名叫大久保今助,他是个非常爱吃鳗鱼的男人。每到用餐时间,他都会遣人买蒲烧鳗鱼当配菜,可是蒲烧鳗鱼总是在半路上就凉掉了。今助为了吃到刚烤好的鳗鱼绞尽脑汁,于是请人将热乎乎的米饭与蒲烧鳗鱼一起装入大碗公里,再将盖子牢牢盖上后送来给他。

这么做完全正中他的下怀,鳗鱼就像刚烤好似的美味,而且米饭中也融合了鳗鱼酱汁的鲜醇味,可口至极,后来今助的吃法更受到大家的一致好评。自此之后,这个鳗鱼饭的吃法受欢迎到鳗鱼店无不打出了“鳗鱼盖饭”的招牌,这个情景也记载于临近幕府末期的《俗事百工起源》一书当中。当时鳗鱼盖饭也被简称作“鳗鱼饭”,并且逐渐普及开来。

《守贞漫稿》提到,分裂筷(现在的卫生筷)也是从食用鳗鱼饭时开始使用的:“吃鳗鱼饭时一定会附上分裂筷。这种分裂筷从文政时期开始,三座城市都在使用了。分裂筷为分割至一半长度的四方形杉木筷,吃东西前再分裂开来使用,以证明这副筷子是干净的,未经二度使用。”日本人爱干净,因此才会发明出这种餐具。

而江户隐士似乎是为了防止健忘的毛病,因此食用鳗鱼饭的频率也不输年轻人,于是流传着“想不起对方叫什么名字时,就来吃鳗鱼”这么一句俗语。此外无须多言,鳗鱼的其他功效也是众所皆知。

“うなぎ屋へ古提灯を張りに来る”这句川柳的大意是说,来鳗鱼店后就连“古提灯”也能焕然一新。这正是鳗鱼的神奇之处,

据说其具有提升精力的功用。“うなぎ屋に囲われの下女今日もいる”，这里“囲われ”就是指小老婆，为隐士或僧侣等人的妾。这句话是说，妾家里的女仆今天也来买蒲烧鳗鱼。江户儿女用鳗鱼调理身体的方法，完全呼应“医食同源”的明智概念。依据《守贞漫稿》记载，江户的鳗鱼饭在鳗鱼店的定价最低为一百文钱，大约相当于2000日元，价格并不便宜。

握寿司

酸的“寿司”

寿司的历史悠久，奈良时代就已经出现在米饭中腌渍鱼类，借由乳酸发酵以延长保存时间的熟寿司。如同渍物一般，熟寿司为腌渍的寿司，发酵后至味道熟成为止，需要花费个把月的时间。而且作为腌料的米饭并不能食用，仅可用来作为腌渍鱼类的材料。随着时代演变，曾经作为腌料用来腌鱼的米饭，也进化成可以食用的寿司米，久而久之，进入江户时代之后，寿司更逐渐变成以米饭为主的即席食物。

寿司的日文发音“SUSHI”（すし）源自酸味一词演变而成的“酸し”一词，这股酸味是在乳酸发酵的过程中所衍生的米饭味道。也就是说，不酸的话就不叫作寿司。未经发酵的寿司起初出现于京阪一带，这种寿司是将米饭撒上酢后装入盒中，上头再摆上鱼肉等食材压实，再经分切后品尝。

江户也有京都风格的箱寿司出现在市面上，但是并不符合急性子的江户儿女的喜好，因为光是将寿司塞进盒中压实都必须等待一段时间才成。想当然耳，江户百姓也不愿刻意花时间，将在江户附近海湾捕获的新鲜美味的鱼贝类加工后再食用。于是,握寿司便在这样的世态下登场了。文化时代(1804—1818年)初期,一家名叫"松寿司"的寿司店于深川开幕营业,这家店尝试用酢增加米饭的酸味,再摆上江户附近海湾的渔获握成寿司,之后在寿司界掀起了一场革命。《嬉游笑览》一书云:"文化时代初期,深川六间堀开了一家松寿司店,一举推翻市面上常见的寿司样貌。"

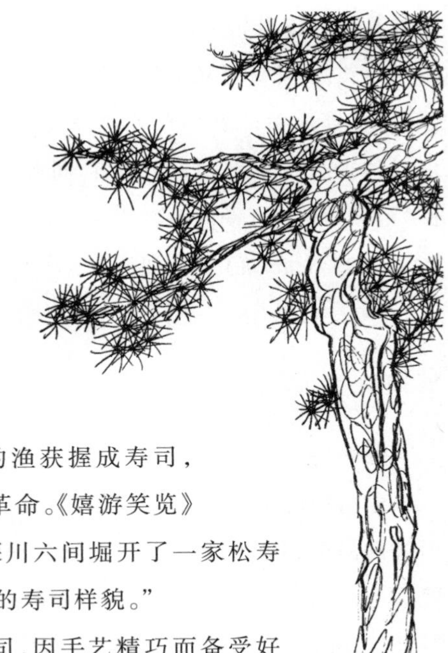

在客人面前现握的寿司,因手艺精巧而备受好评。继松寿司之后,没多久一家叫"与兵卫寿司"的寿司店也于两国登场,这家店同样人声鼎沸、门庭若市,客人甚至需要排队等候依序入座。日本第一家必须排队的餐厅,可说就是这家与兵卫寿司。

寿司店多过荞麦面店的江户

传闻其实与兵卫是比松寿司店家更早提出"握寿司"这一概念的人,无论如何,与兵卫在推广握寿司上,肯定贡献极大。握寿司捏制手法的精巧度对江户儿女而言似乎相当新鲜,如下述川柳所示。"妖術という身で握る鮨の飯",意思是说,使用忍术的人,悄悄结印时的手势,与握寿司时的手技如出一辙,令人瞠目结舌。

幕府末期的江户,开了很多家寿司店,这点由《守贞漫稿》的记录即可略知一二。书中写道："江户有很多家寿司店，每个乡镇就有一两家，但是荞麦店则是一两个乡镇才有一家。"此外，书中还记载："江户寿司最有名的就是本所阿武藏的阿武松寿司，简称'松寿司'，但在天保之后，寿司店便搬到浅草的第六天神社前方了，而且还在吴服桥外开设了分店。东两国元町的与兵卫寿司店也相当知名。"可见在江户，握寿司店比荞麦面店还要多。

"握られて出来て喰いつく鮓の飯"这句话的意思是说，要立刻拿起刚刚摆在眼前的握寿司一口吞下。江户末期的寿司种类五花八门，吃寿司时还会附上腌嫩姜及姬蓼（这种香辛料内含特殊香气及辛辣成分，可用来消除鱼腥味）。依据《守贞漫稿》记载：

> 寿司种类有玉子烧、明虾、虾松、银鱼、鲔鱼、刺身、窝斑鲦，海鳗则是用酱油、酒、糖煮过之后整条摆上去的。上述寿司的价格大约为八文钱（约160日元），但是其中的玉子卷为十六文钱（320日元左右）。寿司还会附上腌嫩姜及姬蓼等配料，并用山白竹间隔开来，或是在盒装的寿司上切一些山白竹摆上去做装饰。

上文描写的情景与现在寿司店里见到的几乎一模一样。江户街上也出现了卖寿司的小贩，他们通常将寿司装入盒中担在肩上，发出洪亮的声音沿街叫卖。

第 八 章

明治、大正时代的饮食

めいじ・たいしょうじだいのしょく

明治新形态饮食文化的开端

文明开化后日本人最先尝试牛肉

明治元年(1868年),德川幕府在历经260余年之后,却因为无法因应国际化的时代变迁而垮台。接着明治新政府拉开序幕,江户于七月改名为"东京"。新政府的政策之一,就是积极采用欧美先进国家的制度及文化,意在提升国力以及丰富日本人的生活文化。

明治时代也成为文明开化的时代。"文明开化"就是全面吸收西洋文化,使日本赶上落后的脚步。同时也为了主张日本为文明国家,因此必须汲取西洋文化。男性包括武士在内,甚至连庶民都剪去了江户时代惯用的发髻,改成短发造型,武士刀也从腰间消失了。在这个时代人们更脱下和服,改为一身洋装。大街小巷流传着一首开化都都逸(译注:都都逸为一种由七、七、七、五句式所构成的情歌俗曲)。

弓矢甲胄さらりと廃し
従服仕立のいくさ人
髪をはらって散髪あたま

開化すがたの程のよさ
文明開化を知らない者は
新聞せんじてのませたい

彻底废除弓矢甲胄
穿着制服的士兵们
剪短了头发
开化的身姿何等适惬!
不知文明开化甚好的人
真想熬煮报纸成汁,令其喝下

此外,还积极引进西式料理,包含过去在名义上被禁止的牛肉,肉食纷纷开始解禁,甚至于政府一马当先,不断推崇牛肉这类肉食。政府会鼓吹肉食,其背后原因也与日本人的营养摄取有关。日本人的体格比起欧美人明显差了一截,当时推测问题就出在饮食内容上,于是认为只要日本人也开始吃肉,身材就会改善。明治五年(1872年)一月,天皇在宫中晚餐宴会上初尝牛肉,并向国民推广肉食,还登上了新闻并被大肆报道。

"人人都得吃牛锅"

明治六年(1873年)所发行的《开化的入口》(開化の入口)一书,最早谈论到肉类中富含的"protein"正是形成西方人如此挺拔的身材的基本物质。文中说明"protein"就是蛋白质,为生命的基本物质,富含于肉类当中。可见当时人们就已经了解现代营养学方面的知识了。

为了因应牛肉奖励活动，假名为垣鲁文（1829—1894年）的知名通俗小说作家，便在明治四年（1871年）发行的《安愚乐锅》中，批评不吃牛肉的人已经落伍了，还在书中煽动："无论士农工商、男女老幼、贤愚贫富，人人都得吃牛锅。"于是，喜新厌旧的日本人，纷纷盘着腿坐下来吃着名叫"安愚乐锅"的牛锅，尝过之后发现实在美味，因此也是兴致勃勃地感受着新时代的气息。

福泽谕吉（1835—1901年）也在牛肉公司的广告文中，提出了下述概念："日本人身体虚弱，就是因为不吃肉的关系，肉其实是一帖良药。"《安愚乐锅》一书中也曾提到一位崇洋媚外的男子，他眼前摆着牛锅，得意扬扬地说道："我告诉你，牛肉可是无与伦比的美味。吃过这种肉，你就不会想吃野猪肉或鹿肉了。如此干净的食物，为什么你从来不去尝呢？……一直说我们国家文明开化，那就来吃牛肉吧，只要尝过牛肉，就会明白有多好吃。"他接着又说："不吃牛肉的人总说吃肉对神明不敬，为不洁的行为，会这么说的人真是不懂人情世故，我也不会与他多加辩论。"说完便志得意满地大口品尝入味的牛肉。

明治时代的女性，又是如何看待牛锅的呢？接下来同样以《安愚乐锅》一书中登场的女性做说明。在"歌妓的接客故事"（歌妓の座敷話）这一章节中描述了某位女性初次品尝牛锅后感觉恶心，吃下肚后却觉得实在美味，之后就欲罢不能的情节。以下节录一小段："当我住在海滨的时期，总会到欧美人的住宅去。那时吃惯了牛肉这种东西之后，回到此地（东京），如果间隔三天以上没吃到牛肉的话，身体好像就会不太舒服。东京店家做的牛肉也相当不错，不过海滨那里的厨师，会将现宰的牛肉与红萝卜一起煮，或是做成炖牛肉。每当我将充分烹调过的牛肉吃下去,都打从心底觉得没有什么东西能比这更好吃了。"

从牛锅演变成"寿喜烧"

如为正式的牛店(牛肉料理餐厅),店里头的构造通常为开化风格的西式设计,一般会挂上旗帜,上头用朱墨写着大大的"牛肉"二字,此外也会标上"官许"符号,并在餐厅入口处挂上印有"兵库女牛"的小广告牌。因为当时兵库牛肉质软嫩又鲜甜,具有极高的人气。

内含霜降油花的牛肉其最佳料理方式如同现在一样,搭配青葱与酱油、砂糖快速煮熟即可享用,以保留牛肉软嫩的口感、肉汁与香气。兵库牛肉(神户牛的起源)也是为了因应这样的需求,才会成为数量稀少的知名品种。

进入牛屋(牛锅餐厅)后,可看到今户烧的火盆收纳于一尺二三寸的四方形盒子中,并在上头摆上铁锅后才会端至客人面前,接着客人会盘着腿坐在锅前享用。墙上通常排列着菜单木牌,客人可以看着木牌点餐。依据明治七年(1874年)《东京开化繁昌记》的记载,当时的菜单包括寿喜烧、火锅、玉子烧、盐烧料理、刺身、煮物等,除了牛锅之外另有"寿喜烧",而且最引人注目的是,它还名列热销菜品之列。

"牛锅"这种称呼方式,到了明治末年左右便逐渐不再使用了,主流的牛肉火锅料理进而转变成寿喜烧的模式,这应该算是一种前兆。牛锅不可或缺的白葱称作"五分"(约1.5厘米长),并且使用山椒作为调味料。也有牛肉的刺身,不过美食专家通常会蘸着酢味噌大饱口福。

明治时期的牛锅一开始会放入牛肉及白葱，接着还会加入调味料，然后依照客人的个人喜好边煮边吃。寿喜烧则会先在锅中将牛肉的油脂融解，然后将牛肉轻轻地拌炒烧烤，再以酱油、砂糖及酒等调制而成的锅底调味来吃。

寿喜烧起源自关西，推测东京的牛锅餐厅应是参考了关西的料理手法后才推出了寿喜烧。不少京阪一带的人由于做生意的关系也会来到东京，因此店里头为了将相同的牛肉料理区分出东京口味与关西口味，于是才在菜单上标示出寿喜烧这道料理名称。进入大正时代之后，不管是牛锅还是寿喜烧，通通陆续统一标示成了“寿喜烧”。

日本人不吃肉所以缺乏毅力

天保三年（1832年），寺门静轩发行了《江户繁昌记》，且大获好评。进入明治时代之后，寺明静轩又写了《东京繁昌记》以及相关书籍，一本接着一本出版。因为东京涌起一股文明开化风潮，等同于东京的另一段昌明兴盛历史。当时主要的出版物包括服部诚一的《东京新繁昌记》、萩原乙彦的《东京开化繁昌志》等，上述两本书都出版于明治七年（1874年），将“吃牛肉”作为日本走进新时代的标志。

一般认为，牛肉为欧美等文明先进国家的代表性食物之一。《东京新繁昌记》记载：“牛肉之于人，为开化之药铺，文明之药剂。可养精神、健肠胃、助血流、肥皮肉。”在《东京开化繁昌志》一书中则盛赞：“过往非上流权贵否则很难品尝，能生在如今这个年代实属幸福，即便身份卑微如牛马，也能饱尝牛肉，这滋味令人欲罢不能。”明治八年（1875年）的《文明开化评林》（冈部启五郎编）一书则提道：“根据外国人的说法，日本人的特质，整体而言是有智巧，但相当缺乏耐性的，这是不吃肉所致。然而老成之人，仓促之间开始吃肉，也无法马上应验；应该要从孩童时期开始就以牛乳等养育他们，则耐性自然增长，身体也会逐渐变得强健。”说明日本人应重视从小摄取牛肉及牛奶。

一开始吃肉的时候，一般以餐馆堂食为主，因此牛锅店如雨后春笋般在市区中出现。像这样通过牛锅促使肉食习惯拓展开来之后，家家户户逐渐都能接受西式料理了，奠定了西洋料理的根基。进入明治二十年代之后，一般家庭的厨房也开始制作以牛肉为主的西式料理，专攻家庭市场的料理书一本本地推出。最大的特征，还是将西洋料理改良成日式口味，利用味噌或酱油等调味料加以调味，使料理能够用来搭配米饭，于是形成和西合并的“洋食”。

甲午战争开战的前一年，也就是明治二十六年（1893年），《素人料理全年熟食的作法》（素人料理年中惣菜の仕方）一书出版，参阅书中的“牛肉锅”做法即可发现，与现在一般家庭所料理的“寿喜烧”几乎一样。该书中记载：“搭配食材包括青葱、蒟蒻、烤麸、烤豆腐等即可。但是烤麸与烤豆腐不能同时使用，仅能使用其中一种食材。”此外，由于买来的烤麸是一整条的，因此须斜切成小块后再氽烫，接着用手挤干汤汁才能搭配牛肉料理。

牛肉锅的做法如下，首先要将奶油倒入锅中融化，其次加入牛脂后香煎青葱，接着加入味醂及酱油，并依个人喜好，例如将牛肉煮至五分熟的状态下食用，中途再加入搭配的食材，与牛肉一同品尝。有些牛肉锅也会用味噌调味，此时通常使用偏甜的白味噌。

在调味料方面则会使用山椒粉，如能添加胡椒粉将更加美味。另外，也有猪肉锅及鸡肉锅，与牛肉锅一样皆属于“四季皆宜的火锅料理”，受欢迎的程度之深使得一年到头都有店家在贩卖。

“炸猪排”登场

牛锅风潮带动了牛肉消费量的持续成长，结果到了明治时代中期以后牛肉供应量不足，导致猪肉料理多了起来。在日本的部分地区自古便有食用猪肉的习惯，这些人深知猪肉的鲜美风味。甲午战争、日俄战争时，牛肉罐头被挪为军用，开始大量送往战区，这也是拉动牛肉行情的最大要因。战区会发放牛肉罐头，因此士兵们都明白牛肉的美味，所以当战争结束后退伍回到家乡，自然会向亲朋好友吹嘘牛肉是何等美味。

在这种时代背景之下，人们开始想要品尝牛肉，以致供需失衡，引发牛肉供应不足的现象，当然牛肉也就变得价格昂贵。原本在明治三十七年（1904年）十贯目（约37千克）牛肉的价格在15日元上下，但是来年却飙涨到了25日元左右。

由于牛肉价格上涨，大家于是将目光转移到廉价的猪肉上。直到明治三十八年（1905年）之前，猪肉年需求量为20万头左右，但是到了明治四十年（1907年）之后，猪肉年需求量便急剧增加到了32万头，可见猪肉消费量突然倍增了。

猪肉料理当中也有杰作登场，那就是炸猪排。这是明治时期推出的西式料理，似乎是从法国料理的Côtelette演变而来，英文为“Cotleta”。明治五年（1872年）《西洋料理通》所记载的“ホールクコットレッツ”（意指猪肉切片）这道料理，就是炸猪排的原型，这道料理原为嫩煎猪肉,就是用锅子将奶油融化后油煎肉片。

“Côtelette”一词日文化之后,变成了“KATURETU”(カツレツ),进而省略之后,再加上使用的是猪肉的关系,于是变成了“TONKATU”(トンカツ)一词。烹调方式也不再是油煎肉片,而是变成日本独有的天妇罗料理手法,使用大量的油来炸。相较于油煎,天妇罗料理手法可减少肉里头的水分蒸发,因此炸猪排会呈现湿润柔软的口感。所以日本人的味蕾,并没有花多少时间便习惯了炸猪排的美味。

由于当时的时代背景,炸猪排进而成了米饭的配菜,并成功改良成迎合日本人口味的西式料理。另外还有此一说,传言研发出炸猪排的人,是在银座历史最悠久的一家名叫“炼瓦亭”的餐厅的前任老板。此外,使用口感清爽的高丽菜丝来作为搭配蔬菜的创意,也是出自这家店,而炸猪排至今仍维持相同的模式,且人气历久不衰。

从饭咖喱变成“咖喱饭”

“日式”与“西式”的饭咖喱

吃牛肉的习惯始于牛锅，日后更演变成积极地接纳西式料理。第一棒上场的是“日式”与“西式”共存下所催生的饭咖喱。米饭属于“日式料理”，咖喱为“西式料理”。依据文字所示，这是将西方文明与日本文明盛装在同一个盘子里的料理，所以在饭咖喱出现之前，明治时代的日本人便已经深深体会到新时代已然来到。

福泽谕吉是日本第一位见到咖喱料理的人，万延元年（1860年）所出版的《增订华英通语》一书中，就已经介绍到“curry”一词，这就是后来所谓的“咖喱”。咖喱料理是从发源地印度被带往英国后，因备受好评而融入英国饮食，并经由英国人传入日本。自幕府末期至明治时代这段时间，居住在横滨外国人居留地的英国人经常烹调英式的咖喱料理。后来，有些日本人品尝到这道料理后，认为咖喱料理中的特色香辛料与米饭十分对味，因而引发一阵话题讨论。于是，咖喱料理渐渐地在日本普及开来。

明治五年（1872年），第一部介绍咖喱料理食谱的书出版上市。在《西洋料理指南》这本书中，教导读者将青葱、生姜、蒜头切碎后以奶油拌炒，接着加入鸡肉、虾子、牡蛎、赤蛙肉炖煮，令人惊讶的是，居然还加进了蛙肉。接下来加入咖喱粉，并以盐调味，最后再加入面粉水增加浓稠度。

另外在同年出版，假名为垣鲁文的《安愚乐锅》一书的作者，在《西洋料理通》这本书中也有介绍咖喱的食谱，料理名称叫作“以咖喱粉料理牛肉或鸡肉”。这道料理使用了仔牛的肉或是鸡肉，做法如下。将四根青葱切碎，再将四个去皮苹果切碎，接着倒入水，然后加入咖喱粉及面粉拌匀，并且炖煮四个小时左右。此外，米饭掺入柚子汁炊煮至熟后，盛盘时会在盘子四周围形成一个圆圈状，此时再将咖喱倒入里头一同品尝。以介绍咖喱料理的书籍而言，这两本书历史最为悠久，也是日本最早的食谱。

从饭咖喱变成“咖喱饭”

进入明治时代后半期，饭咖喱成为日式洋食，在和食的文化体系当中不再是新面孔，已占有一席之地。明治三十一年（1898年），石井治兵卫的《日本料理法大全》一书中，也出现了咖喱料理的做法。作者为旧幕府诸藩料理师范，后来担任宫内省大膳职庖丁师范此一要职，为日本料理大师。这本书多达1500余页，网罗了自古流传下来的传统日本料理，在这长篇大论之中，也将饭咖喱囊括在内。

菜单名称取作“牛肉咖喱”，简单来说，就是将切成薄片的洋葱以奶油拌炒至咖啡色，接着加入牛肉，再加入牛奶及咖喱粉炖煮30分钟左右，然后滴进几滴柠檬汁，最后用盘子盛装米饭，淋上咖喱，并搭配上用热水煮熟再压碎的马铃薯。这份牛肉咖喱使用了洋葱取代过去的青葱，马铃薯变成色拉风格的配菜。进入明治时代后半期，咖喱饭一定会用到的洋葱、红萝卜、马铃薯等蔬菜的种植技术不断进步，这些蔬菜与现在一样成为餐桌上的必备食材，被人广泛运用。日文的洋葱写作“西洋丸葱”，马铃薯同样写作“马铃薯”。

《日本料理法大全》中还记载了另一道用牛肚料理而成的咖喱，做法是将牛肚充分洗净后经长时间炖煮至口感软嫩的状态，此时再加入咖喱粉与面粉搅拌均匀，并说明：“应淋在米饭上食用。”

饭咖喱在成为大众料理普及的过程中，出现了菜名颠倒的现象。进入大正时代之后，逐渐不再使用“饭咖喱”来称呼，而是多以“咖喱饭”这个菜名来称呼。这可能是因为将料理名称“咖喱”摆在前头称呼会比较容易理解，也容易传达的关系。

当初，咖喱粉几乎全从英国进口，进入明治三十年代之后才开始国产。明治三十六年（1903年）左右，大阪的药材批发店首次推出了咖喱粉。由于当时在大阪也会将咖喱饭昵称作“西式盖饭”这种大众叫法，因此药材批发店便以“西式盖饭在家就做得出来”作为宣传口号推销贩卖国产咖喱粉。

明治三十九年（1906年），东京的一贯堂卖起了即席咖喱；接着日本桥的冈本商店打出“轻便美味”的文宣销售粉状咖喱。自大正至昭和这段时间，大阪陆续推出正统的咖喱粉及咖喱块，更推广到全国，使得咖喱人气蹿升，成为日本人餐桌上的常见美食。

牛锅盖饭

日本人偏好将料理摆在米饭上头，做成酱汁与米饭交织融合的汁饭，例如江户时代就已经存在的蒲烧鳗鱼盖饭以及天妇罗盖饭，后来明治时代又出现了牛饭。明治时代初期的牛肉，特点是肉质硬又具腥臭味，但在饲养技术提升后，肉质改善口感变软嫩后，调味习惯便从过去使用的味噌，改成多使用以酱油、砂糖等调味料调制而成的酱汁。早期牛锅主要使用牛肉与白葱作为食材，但在进入明治二十年代之后，也开始使用蒟蒻丝及豆腐。而加入大量酱汁煮成的关东风味寿喜烧，也在此时奠定基础。

东京自江户以来，当地人就非常喜欢吃盖饭，因此一见到锅中残留牛肉熬煮之后浓缩的鲜美汤汁，自然会引发想要淋在米饭上品尝的欲望。所以牛饭的登场，只是时间早晚的问题。牛饭起初被称作“牛锅盖饭”，后来牛饭成为主流称呼，最初盛行于日本桥鱼市场河岸工作的百姓之间。不过没多久在浅草及上野的广小路一带，也开始出现了许多售卖牛饭的路边摊。

牛饭

在这个年代，东京一带盖饭餐馆的数量与日俱增，牛饭屋的数量也在闹市区急速增加，且一碗一文钱的价格十分符合庶民的消费能力。此时，牛饭已在东京普及开来，但在京都一带尚未处处可见。此外，据说“牛肉盖饭”（牛丼）这个名称，是由在明治三十二年（1899年）创立吉野家的松田荣吉所命名。

明治时代的“米饭美食”

室町时代有所谓包饭这种米饭的食用方式，日文也写作“芳饭”或“法饭”，由于是“摆盘精致的米饭料理”，因此在上流阶层之间十分流行。这种米饭料理会在白饭上头摆上切成小块的鸡肉、鱼贝类、蔬菜等食材增添风味，淋上酱汁再食用，属于汁饭的一种，诸如江户时代的鳗鱼盖饭、天妇罗盖饭等，还有自明治时代之后出现的咖喱饭、牛肉盖饭等。将食材摆在米饭上头即为“包饭”，拌在饭里头就是“混饭”，这些料理方式的基本概念其实都一样。

江户时代的“古董饭”，日文读作“GOMOKUMESHI”（ごもくめし）。古董意指古老物品，有聚集之意，意思是说将各种食材与米饭混合在一起。一般多将GOMOKUMESHI写作“五目饭”，但在关西地区大多会称之为“加药饭”。比方像是寿司、鳗鱼或寿喜烧等料理属于美味的外食，而在家里享用的美食，则非老人、小孩都喜欢的美味米饭“五目饭”莫属。

进入明治时代后半期，生活也变得富饶起来，在家烹调美食的意识高涨，在这样的世态背景下，“家庭料理”相关书籍一本接着一本出版上市。相对于西式料理的流行，同时也掀起一股促使日本人重新投入探讨如何美味享用米饭的热潮，毕竟米饭可是日本人长久以来的主食。

明治二十六年（1893年）四月，一本家庭料理书出版上市了。这本花之屋胡蝶的《全年熟食的做法：素人料理》（年中惣菜の仕方：素人料理），是让新手也能烹调出家庭料理的宝典，短时间便备受好评，在同年十月之前这短短半年之内，便成为再版十刷的畅销书，书中“饭类”（混饭）的炊煮方式，还分成春、夏、秋、冬做介绍。春有10种，夏为6种，秋共8种，冬达10种。除此之外，还举出8种“四季通用的米饭料理”。

当时除了接纳洋食文化，对于传统主食的料理方式也绝不马虎。由米饭的料理方式，我们也可一窥明治这个光辉扶摇直上的年代。代表春季米饭料理的是“菜饭”，书中所述之做法如下：“先加入少许的盐巴再煮饭，熄火时，再将菜撒入锅中，而且菜须仔细切碎后直接下锅。”当时似乎会使用嫁菜或青菜嫩叶的部分，用料虽然简单，但也称得上是庆祝春天到来的混饭。“鲷鱼饭”则使用了肥美的鲷鱼，算是相当豪华的米饭料理。首先将鲷鱼肉分别片下来，接着去除鱼骨，然后用照烧的方式料理，接着摆在切菜板上用两把菜刀仔细剁碎，最后将这些鲷鱼肉倒入色饭中拌匀。所谓的色饭，就是先用酱油调味过，染上颜色的米饭。

夏天就不用说了，一定要吃“海老饭”。书中记载的做法如下：“海老为沙栖新对虾（明虾的一种），先制成虾松后拌入色饭中。虾松的做法则是先将沙栖新对虾氽烫后剥除虾壳，接着大略剁碎后再用研钵磨碎，最后用酱油及酒稍微调味即可。”另有“紫苏饭”，做法如下：“紫苏分成青紫苏及红紫苏两种，煮饭时使用青紫苏。首先用水充分洗净，再日晒至完全干燥为止，接着搓成粉状，等到饭煮好后要熄火时，再撒入锅中。饭需要加入咸味调味料后备用。”

而“秋季米饭料理”一开头就提到了“松茸”饭，做法如下所述：“松茸切成长一寸、宽约二分的长条薄片状，再于色饭煮好前将切好的松茸倒入锅中炊煮。另一种料理方式是先将松茸调味，接着煮到残留少许汤汁的状态；饭则依照一般模式煮成白饭，最后将饭从锅中移至饭桶时，再加入松茸拌匀即可。”还有“芋（地瓜）饭”这种料理方式，做法如下："饭要煮成盐饭。芋头切成四分大小的方块状，生芋头从一开始煮饭时就摆在饭上头炊煮。不过加入锅中的芋头应达到米饭三分之一或四分之一的分量。"

在"冬季米饭料理"的部分，最受欢迎的是"红萝卜饭"，其炊饭方式如下所述："红萝卜切成小小的长方形薄片。接下来有两种做法：一为将红萝卜片与色饭一同炊煮；一为红萝卜另外煮，再拌入一般的米饭当中。"此外也举出了其他炊饭方式。将红萝卜以山葵磨泥器磨成泥后煮熟，过滤出红萝卜汁后，再以红萝卜汁煮饭。最后增添一些咸味，品尝时盛装于容器中，再淋上高汤。调味料的部分则是撒上白葱末与海苔碎片。

该书中紧接着介绍的是有益身体健康又十分可口美味的杂炊汤："买一整只鸡来煮汤，熬出来的汤头不但充满美味油脂，而且质量极佳。再以熬出来的高汤烹煮杂炊，这样煮出来的杂炊不但风味佳且能滋养身体。蔬菜的部分可用青葱或是菠菜来搭配。"总之就是用鸡汤来料理杂炊。同书的"四季通用米饭料理"章节中，也出现了鸡肉饭的料理方式，其实在明治时代后半期至大正时代这段时间，家家户户都会时常烹调鸡肉料理。

内含大量马铃薯的可乐饼

现今依旧人气不减的熟食可乐饼，属于和式洋食的一种，在明治时代后半期开始出现于市面上，进入大正时代后更成为十分流行的食物。"可乐饼"一词是从法国料理的"croquette"一词转变而来，属于一种裹上面包糠烹调而成的料理。早期可乐饼的做法，曾出现在明治三十一年（1898年）的《日本料理法大全》一书中，其制作工序如下所述。

将吐司沾水使其变软后挤干水分备用。再将牛肉(鸡肉也行)切碎,并与葱末拌匀后用油拌炒,接着加入面包,此时再打入鸡蛋拌匀,然后捏成圆形再放入面粉中滚一滚,最后涂上蛋黄后撒上面包糠,并以奶油或牛脂煎成咖啡色。这种料理方式接近法国料理中的croquette,原本内馅是以奶油为主体,可乐饼则改以沾水挤干的面包取代,且当时尚未使用到马铃薯。

但在同一年出版的《女子教育全书》第四编之“熟食及宴客料理法”当中,可乐饼中的马铃薯开始登场,做法如下所述:“可乐饼 ……将烤好的肉切成小块,再与葱花、胡椒及马铃薯拌匀,接着捏成适当的圆形,以油煎熟。”仔细研究可发现,可乐饼的做法在这个年代已经开始出现新旧之分,新式做法普遍都会使用马铃薯来取代原来可乐饼中的沾水面包了。明治时代结束进入大正时代之后,马铃薯可乐饼成为常态。

于大正五年(1916年)发行的《四季料理》一书中,可乐饼便已经改良成日式口味,普遍使用马铃薯来制作。料理名称也改成“马铃薯可乐饼”,诚如料理名称所示,此时的可乐饼以马铃薯为主要材料,与现在的可乐饼几乎无异。

《四季料理》一书中记载之可乐饼的做法如下:“牛肉切成薄片,以奶油或牛脂充分煎熟,接着再切碎,并且加入盐、胡椒调味;另外再将洋葱切碎,以奶油煎过,然后与上述的牛肉拌匀,再加入酱汁备用;此外,将马铃薯煮熟后过筛,并在马铃薯泥中加入奶油及盐巴,最后充分混合均匀。”完成上述步骤后塑形,再撒上面粉,接着放入打散的蛋液中,然后再裹上面包糠,以猪油或牛油炸熟。配菜的部分,搭配当令蔬菜即可。

娶老婆好让我今天、明天都能吃到可乐饼

马铃薯可乐饼是将马铃薯煮熟后压碎再加入肉片，然后裹上面包糠油炸而成，短时间内便备受好评，而且因为与米饭十分对味，也成为颇受欢迎的家常菜。由于可乐饼人气高涨，使得马铃薯需求量大增，于是各地开始增产马铃薯。过去日本偏好甜味明显的地瓜，反观味道清淡的马铃薯因为不适合料理成和食，所以一直人气惨淡。

不过随着西式料理的普及，尤其在可乐饼普及的影响下，使得马铃薯产量大增，明治三十年代马铃薯产量达25万吨，大正八年(1919年)马铃薯产量更高达180万吨。大正六年(1917年)于东京帝国剧场上演的轻歌剧“DOTCHADANNE”(ドッチャダンネ)中，就出现了《可乐饼之歌》，为大正时代可乐饼的人气“推波助澜”。

ワイフ貰って　嬉しかった
いつも出てくる　おかずはコロッケー
きようもコロッケー　あすもコロッケー
これじゃ年がら年中　コロッケー
アッハッハ　アッハッハ
こりゃおかしい

娶老婆　真开心
三餐菜色　总是端出可乐饼
今天也吃可乐饼　明天也吃可乐饼

这样一年到头 都能吃到可乐饼
啊哈哈 啊哈哈
这样实在太有趣

当时甚至出现了如此幽默的歌词,惹得大众捧腹大笑,随着歌曲的流行,可乐饼这道和式洋食,也开始在全日本遍及开来。一般来说,普通新婚家庭每月的收入并不多,不过就算是每月收入不高的年轻夫妻,可乐饼也是便宜到每天都能煮来吃的菜品,因为可乐饼的内馅几乎都是马铃薯。而且将刚炸好的马铃薯可乐饼淋上酱汁来吃,实在下饭。以当时的行情来看,一份炸鸡排为二十文钱、炸牛排为十文钱、炸猪排为八文钱,而一份可乐饼仅五文钱左右,相当便宜。

大正十二年(1923年)关东大地震之后,镇上的肉店也开始制作可乐饼于店面贩卖,而且价格低廉,因此可乐饼在肉店熟食方面的地位,至今仍难以动摇。由于肉店会产生许多肉丝或碎肉,而在炸油方面,也有猪油足以大量使用,依靠这几点优势,促使肉店能够提供更加味美价廉的现炸可乐饼。

充斥酒香的"红豆面包"造成风潮

幕府末年至明治初期这段时间,横滨出现了以外国人为消费对象的面包店,开始贩卖起面包,但是并不受到日本人青睐。明治二年(1869年),日后成为木村屋总店创始者的木村安兵卫,对烤面包产生兴趣,于是在芝日荫町开了一间名叫"文英堂"的面包店,进而研究起如何制作日本人爱吃的面包。

但是，木村安兵卫研究面包的过程并不顺利，他制作的面包一直滞销。次男英三郎想方设法经过多次摸索后，终于从日本过去便存在的酒馒头的制法中，得到了制作酵母面包的灵感，尝试做出了新款面包。他先将米及曲制作成酒种，再利用酒种使面包发酵，让日本人感受到熟悉的馒头风味，也有别于西式面包的味道及香气。此时，他又再参考馒头的制法，将红豆馅包入面包里来烘烤。就这样使西式面包与日式甜红豆馅融合在一起，创造出和西合璧的划时代的面包——红豆面包。

过去日本人在明治时代其实吃不惯面包，但在面包改良成日本人熟悉的口味之后，果然大受好评。自信大增的木村安兵卫于明治七年（1874年）来到银座开店，并将面包店改名成“木村屋总店”，红豆面包更是持续热销，博得众人好评。

木村店的红豆面包在银座大受好评一事，也传入了明治天皇耳里，当红豆面包被呈献至天皇及皇后餐桌上时，听说其味道让两位陛下十分欢喜。当时的红豆面包是为宫内省特别制作的贡品，正中央呈凹陷状，并且摆上了八重樱的盐渍花瓣。进贡的红豆面包造成话题，据说在店面一天可以卖掉1.5万个红豆面包。由于使用了酒种制作而成，带有些许日本酒香，因此即使面包冷掉了也很好吃，再加上内含红豆馅，有类似和菓子的风味，这也是红豆面包会热销的潜在原因。

继热销的红豆面包之后，奶油面包以及果酱面包也陆续登场。到了明治时代后半期，红豆面包因为耐放且味美价廉，也会被用来当作火车餐点，销售长虹。明治初期流传着一句流行语叫作“文明开化七大工具”，包括红豆面包、邮政措施、瓦斯灯、汽车等通通涵括在内，象征着新时代的来临。

走访啤酒屋与大众酒馆

日本酒加啤酒混着喝的男人

"哎呀，因为我将日本酒与啤酒混着喝，结果酩酊大醉不省人事，本想往那儿去，结果呼朋唤友脚步踉跄，半梦半醒间走进夫妻卧室，接下来就倒下不省人事了。"在明治六年（1873年）出版的《江湖机关西洋舰》（冈丈纪）一书中，首次出现上述由醉汉口中发出的台词，这是在明治时期刚开始的时候，男子将啤酒和日本酒掺杂在一起喝，结果烂醉如泥的惨痛经验之谈。于同年出版的横河秋涛写的《开化的入口》（開化の入口）一书中也写道，为了调养身体，所以吃了肉及面包，还喝了葡萄酒及香槟，后来自认身份卑贱，应该喝啤酒就好。

这时候东京已经出现可以喝啤酒的小吃店或酒馆，而且早在明治时代初期横滨就已经开始生产啤酒了，不过在这之前啤酒全部都是产自欧美地区的舶来品。明治时代初期，美国籍的科普兰于横滨建造了啤酒酿造厂。明治五年（1872年），横滨及新桥间的铁路开通，尔后在车站的商店，也开始将啤酒与洋酒陈列在一起贩卖。明治三十二年（1899年）之后，在东京及横滨的两处车站内出现了食堂，开始贩卖起生啤酒，餐车也是在这一年第一次出现在大众面前，并在餐车内向乘客提供啤酒。于横滨生产的啤酒会经船运送至距离遥远的神户、长崎、函馆等地，通过这种方式大量出现在日本各地的市面上。

明治二十一年(1888年)，以啤酒业起家的麒麟啤酒公司汲取了科普兰的啤酒酿造方式，开始推出麒麟啤酒，并受到大众热烈喜爱。其他地方也陆续出现了啤酒制造工厂，逐渐孕育出高度崇洋的新形态饮酒文化。

乡巴佬闯进啤酒屋

明治三十五年(1902年)，北泽乐天创作了一部漫画，描绘了两个乡巴佬意外闯进东京啤酒屋的故事。主角是杢兵卫与田吾作这一对乡巴佬。这天他们肚子饿了，想到食堂吃便当，结果却走进了啤酒屋。没多久服务生走了过来，欢迎他们光临："这里是啤酒屋，也提供午餐。"两人就座后，服务生问道："请问啤酒要大的还是小的？"于是，杢兵卫便回答："要给我喝的话，那就给我大的吧！"

"这个就叫作啤酒吗？泡沫还真多，这是用来吃的吗？"田吾作惊为天人地说道，结果杢兵卫回他："不行啦，泡沫不能吃，那是因为酒很烫的关系。"没想到喝进嘴里却是冰冰凉凉的，但是苦苦的味道令他们瞠目结舌，接着两人又点了饭咖喱与色拉。

田吾作吃了口端上桌的料理说："吓死人了，居然是辣椒饭配上未入味的香物(对色拉的误解)，根本不能吃。"于是杢兵卫便劝田吾作："你如果不忍着吃，会被认为是乡巴佬的！"

于是，两人要求服务生："给我们来杯茶吧！"服务生说："喝茶不搭，我给您送咖啡来。"接着送上了咖啡。田吾作喝了一口说：

"又是苦的。"杢兵卫告诉他:"你就当作千振茶(译注:药草茶的一种,味道非常苦),一口气喝光它吧!"田吾作回说:"哎哟,居然还附上砂糖给人清洁口腔。"杢兵卫一脸满足地表示:"真想不到,东京人还真是设想周到。"

以上为《杢兵卫、田吾作篇·啤酒屋》(杢兵衛、田吾作篇·ビヤホール)这篇短篇漫画的内容,刊载于《世熊人情风俗漫画集》(第二卷),于昭和六年(1931年)出版,被视为珍贵的风俗史,谨在此引用当中台词。

这两个人原本想光顾便当店,结果误走进了啤酒屋,除了啤酒之外,就连饭咖喱、色拉以及咖啡都是有生以来首次体验,一连吃尽苦头。

啤酒以一大杯计价

进入明治时代之后,啤酒受欢迎的程度愈来愈势不可当,啤酒制造厂商也变多了。啤酒普及的速度会如此飞快,原因似乎就在其入喉后的那股清凉感。啤酒的特色在于其冰冰凉凉的,可以一饮而尽。明治时代的百姓过去习惯将日本酒温热后小口小口啜饮,因此啤酒的口感对他们而言实属新鲜且惊奇。再加上啤酒的酒精浓度低,所以可以轻松畅饮。就像这样,啤酒与日本自古以来的日本酒大异其趣,因此并不会形成竞争关系,而备受欢迎。

一开始大家都会在餐厅、居酒屋、啤酒屋这些地方喝啤酒,后来啤酒逐渐变成一般家庭的饮品。第一家啤酒屋开幕于明治三十二年(1899年)八月,这家位于东京银座的啤酒屋(Beer Hall)隶属于惠比寿啤酒旗下。这是家日本啤酒专卖店,开店的目的是让客人能够品尝到工厂直送的美味现酿的生啤酒。当时，在报纸上打出来的广告文宣中写道："冰室随时备妥新鲜的桶装啤酒，以最高尚优雅的方式单杯贩卖，期盼各位贵客时常大驾光临，品尝惠比寿啤酒的正统风味。售价为每500毫升十文钱，每250毫升五文钱。"当时也是首次使用了"Beer Hall"这个名称。

惠比寿啤酒的生啤储藏于冰室中，以啤酒杯盛装冰凉的啤酒按杯计价售卖。"半リーテル"是指500毫升，定价十文钱，因此并不算太贵。顺带一提，依照当时的物价来看，牛肉100克为五文钱左右，味噌1千克在八文钱上下，盛荞麦面一人份约两文钱。这种啤酒屋也搭上了当时的崇洋风潮，迅速在东京大获好评。依据当时的新闻报道，这家啤酒屋生意兴隆到甚至有客人大费周章从远地乘坐马车而来，一天平均接待约800位顾客，营业额更高达120至130日元。

啤酒屋属于极大众化的场所，不分贵贱，人人可尽欢，在明治三十二年(1899年)九月出版的《风俗画报》中便有下述记载："在消暑的同时，学生、商人、工匠、官吏或是鼻下蓄胡的绅士，都会顺道带着金春、乌森一带的艺妓前来豪饮。"

大正浪漫时代

1912年七月，明治天皇驾崩，大正天皇即位，揭开大正时代序幕。明治时代的文明开化热潮渐趋平息，开始进入了摩男、摩女英姿飒爽阔步走在银座大道上的大正浪漫时代。"摩男"为摩登男青年的简称，"摩女"为摩登女青年的简称。摩男会戴着硬草帽，穿上喇叭裤，手持手杖；也有潇洒的男生会留着长鬓角并蓄胡。摩女的造型则是身穿连身洋装或裙子搭配高跟鞋，然后涂上浅色口红并将头发剪短。

大正三年（1914年），日本加入第一次世界大战后，日本经济飞速扩张。日本高度的经济能力与生产能力备受世界肯定，因此各国向日本订购物资的订单蜂拥而至。出口至美国的生丝及棉制品，还有外销至欧洲的军需物品的产量也都急速增加。制铁及造船等重工业、化学工业也都呈现耀眼的发展，大正七年（1918年），工业生产毛额更超越了农业生产毛额，日本跃升成亚洲最大的工业国家。

举世景气沸腾，当时被称作暴发户的人有如雨后春笋。过去一直生活贫困的人，遇到某种机会突然变成家财万贯，便是所谓的"暴发户"，因此在那个时代背景下，才会有摩男摩女的出现。假使明治时代的流行语为"崇洋"的话，那么大正时代的流行语就是"摩登"了。

绳暖帘的兴盛与马铃薯

即使在时代演变下，新形态的啤酒屋以及有围裙美女服务的咖啡厅生意兴隆，但是从江户时代延续下来，悬挂在商业闹区中的"绳暖帘"，还是庶民最习惯用来放松一下的地方。所谓的"绳暖帘"，意指在店门口挂着绳暖帘的店家，一般多指居酒屋或盖饭餐厅。

居酒屋也分成专门提供美酒与下酒菜的店家，以及提供美酒与餐点的"酒饭屋"这两种，而大正时期的居酒屋以酒饭屋居多。这些店家很多时候都会被人称作"绳暖帘"，而且这种习惯甚至延续到现在。江户时代会在绳暖帘的两侧或屋檐下方，悬挂鸡羽毛或鮟鱇鱼等装饰物品作为下酒菜的广告牌，如下述川柳所述。

鶏の羽ごろも居酒屋にさげ
杉の葉は無くて軒端にかしわの羽
鮟鱇も飲みたそうなる居酒見世

居酒屋檐下垂挂着鸡羽毛
用茶褐色的鸡羽取代杉叶
张大嘴巴的鮟鱇鱼也一起展示在居酒屋店头，它也想要一同喝酒吗？

就像这样，一目了然的实物广告牌在当时相当常见。大正五年(1916年)，西式料理的可乐饼演变成家常熟食，马铃薯的消费量增加，因而不断增产，当年马铃薯的生产量达到105万吨，首次突破了100万吨大关。在同一年所出版的《四季的料理》(四季の料理)一书中，可学习到大正时代初期的家庭料理，属于十分珍贵的文史资料，而作者中川爱冰不但是料理专家，同时也是知名的美食专家。

在《绳暖帘巡食记》这本书的章节中，作者分享了与几位友人专门结伴走访绳暖帘店家的记事，内容非常诙谐有趣。首先在文章开头处写道："为使劳工能见到甘露雨，江户应大量挂上绳暖帘。让这些人在这里休息片刻，在这里品尝山珍海味，醉了便任意狂言，再以大碗米饭填饱肚子自我安慰。"接着又提道："(客人)放松心情愉快动筷，来到这个乐园后，任何人脸上应该都不会出现不平、不悦的表情。"唯有绳暖帘，才称得上是庶民的"乐园"。即便到了现在，居酒屋仍是上班族的天堂。

绳暖帘下充满人情味的下酒菜

“巡食记”也就是所谓的一路吃吃喝喝，《绳暖帘巡食记》的作者与友人走进的第一家居酒屋为八丁堀的水户屋。入口拉门上写着“下酒菜餐点”几个大字。定价写在三张连接起来的横向美浓和纸上：“卤鱼三文钱、味噌汤一文钱、锅类三文钱、炖菜一钱五厘、酱菜（渍物）五厘、一合酒四文钱、一碗饭一文钱。”上述就是水户屋的菜单及定价，相当便宜。其他店家的价钱几乎大同小异，工作结束后返家的庶民也能随意钻进绳暖帘，简直就像来到了乐园。

与作者中川爱冰同一时间走进店里的客人当中，有两名车夫（老、少各一名）、一名工人、一名穿着半天服装（译注：工匠身上所穿，在衣领或后背印有姓名或店名的一种短上衣）的师傅，以及一对夫妇，他们点的菜色如下：老车夫想吃的是味噌汤、煎雪花菜、酱菜（渍物）、一瓶酒、三碗饭；年轻车夫点的是鲱鱼、两碗味噌汤、煮豆、四碗饭；工人则吃光了卤羊栖菜、蒟蒻、一瓶酒、三碗饭；穿着半天服装的师傅点了鰤鱼、酱菜、卤羊栖菜、两瓶酒；一对夫妇吃了两碗味噌汤、鲱鱼、酱菜、七碗饭，并没有点酒。

大正人所摄取的米饭分量实在很多，吃三四海碗的饭实属正常。作者一行人也吃了同样的菜肴，不过评价不太好，例如有人便抱怨鲱鱼：“虽然涩味完全去除这点做得很好，但是味道偏咸，且缺少甜味。”

中川爱冰与友人走进的第二家店是位在大根河岸一家名叫“米友”的绳暖帘，拉门上写着“套餐佳肴、酒饭”，来客多为与市场相关的人物，菜单如下所示："好酒五文钱、刺身五文钱、酢拌凉菜三文钱、照烧料理五文钱、卤鱼三文钱、卤豆腐三钱五厘、汤豆腐二钱五厘、泥鳅锅五文钱、味噌汤一钱五厘、炖菜一文钱、饭一文钱、新渍五厘。"底下还标注着注意事项："敬告不了解的客人，无须更换酒杯。"

与中川爱冰同一时间走进店里的客人当中，有两名店员、一名消防员、一名车夫，《绳暖帘巡食记》记载："各自点餐品项如左文所述。"列举出下述几项：店员的点餐内容为卤鲽鱼、凉拌豆腐杂煮、小芜菁菜渍、红姜新渍、瓶装的正宗美酒，并在众人眼前喝光五六瓶美酒；消防员点了凉拌豆腐佐葱花酱油、卤赤魟凉菜，他也是一口口地畅饮着美酒；车夫点了鱼肉山芋饼味噌汤、蜂斗菜炖菜，白饭瞬间就吃光四个海碗的分量。

中川爱冰一行人对于这家店的评价不错，尤其在提到"香物"时纷纷表示："小芜菁菜渍腌渍时间拿捏得恰到好处，为今晚美食最佳料理。"

翌日前往芝田村町的丸山，这家店给人一种"类似专供以马匹运送货物的工人常去的复古风格的荞麦面店，任谁来看都会认为是典型的居酒屋。入口处挂着绳暖帘，方形纸罩座灯上写着'酒饭'，麻雀虽小但五脏俱全"的感觉。菜单与前几家的品项如出一辙。

过几天，中川爱冰一行人来到了佃岛的伊势兴，这家店的拉门上虽然写上了"套餐佳肴、下酒菜、深川饭"，但是店里却鸦雀无声，很意外地这里并没有美食，令人十分失望，是家无人光顾的居酒屋。所谓的深川饭，就是将深川附近的名产花蛤与米饭一起炊煮的菜饭，直到昭和时代初期，在浅草一带仍有路边摊在贩卖，深受庶民欢迎。

隔了几天，这一行人来到洲崎的三洲屋，这里的店家在入口处挂着绳暖帘，依照惯例，左右拉门上写着“鱼套餐、酒、饭”这几个字，用来取代招牌，但是并没有看见菜单定价表。同桌的客人为六名车夫、两名穿着半天服装的师傅、三名船夫、一名秃头的老头子。

秃头的老头子将短爪章鱼卵误以为是内脏，将食物吐了出来并且雷霆大怒，斥责这种黏附内脏的食物怎么能吃，餐厅老板不愧是生意人，为避免客人丢脸，告诉对方如果对餐点不满意可以更换，再三致歉的态度令人钦佩且认同。老头邻座的船夫吃了凉拌鲔鱼丝，看起来实在美味，他吃了一口又喝了点酒，喝了酒又再吃了一口。一名麻脸的车夫喝了一碗味噌汤后，又大口吞下四碗饭，看他这副狼吞虎咽的姿态，推测以前应该是个捣米工人。

这一行人照例要为料理做点评：首先是卤短爪章鱼，虽然调味偏咸，但是味道并不差；其次是牛蒡味噌汤，海碗里只有削成细片的牛蒡与一条泥鳅，实在叫人不甚满意，毕竟养鱼场近在咫尺，采购方面应有所要求；最后是卤鲔鱼，卤鲔鱼以大块的方式呈现，口感风味都不错。

隔几天，他们前往下谷一家名叫“杓子”的餐厅，这家店远近驰名，该书中提道：“这家店的招牌料理是泥鳅汤，汤底的味噌口味比例是七成白味噌搭配三分江户味噌，柳泥鳅入口即化的鱼骨最叫人赞赏，客人总是络绎不绝。”价目表上标明：“大杯烧酒三钱五厘、小杯二文钱。鱼肉山芋饼汤一钱五厘、烤海苔一片一文钱、汤豆腐一钱八厘。上等酒一合四文钱。饭六厘。泥鳅汤一钱五厘、芡汁豆腐一文钱、红烧鱼肉山芋饼一文钱。”且写有但书：“恕不赊账。”

当时，店内共有十名客人，其中一人为卖药的，其余为车夫，似乎是因为客人太多，来不及将点餐品项记下来，因此文中并未多加记述。常在这本《绳暖帘巡食记》中登场的“车夫”，就是以拉人力车为职业的人，也称作“拉车的”。车夫属于劳力工作，需要常常吃吃喝喝，收入状况也很理想，对于居酒屋而言是很有赚头的客人。

杓子这间居酒屋的料理颇受中川爱冰与友人肯定，有人提道：“豆腐的烹调程度、鲣鱼干的搭配、白萝卜泥的状态，皆无可挑剔。”还提道：“住在东京如果不来吃这家卖的料理，便称不上美食专家。”此外，关于“饭与酒”也有提及：“饭一碗六厘，上等酒一合四文钱。这等价格十分迎合中下阶层百姓的消费能力，光是这样就让笔者感动涕零甚是欣喜。”上述便是针对这家餐厅的评价。

最后要介绍的是位于赤坂丰川稻荷前这家出云屋的“酒饭”。两栋房屋宽的入口挂着绳暖帘，拉门上写着“酒饭套餐、下酒菜”。文中记载：“老板娘谈吐得宜，总是笑脸迎人，于是开玩笑地对她说，正是因为有缘分，所以会时常前来让她招待。”感觉十分良好。价目表写着：“卤鱼时价，鲱鱼一钱五厘、味噌汤五厘、饭一文钱、酱菜五厘，各式铭酒一杯三钱五厘。”来客为两名穿着半天服装的师傅、一名马夫，他们点餐的品项如下所述：两名穿着半天服装的师傅吃着厚片油豆腐、凉拌小黄瓜、卤贝肉，并在杯里注满酒，大声地谈天说地，似乎是景气不错还喝醉酒了。马夫看起来不爱喝酒，用卤马铃薯、卤泥鳅配饭扒着吃。这里出现了卤马铃薯，其实在明治末年至昭和这段时间，马铃薯料理无论在餐厅还是一般家庭似乎都很常见。卤泥鳅这道料理煮到鱼骨入口即化，非常可口。该书中也记载，既然这里的泥鳅为体积如此大的食材，作者实在想要一条一条用竹签串起来，再像过去一样料理成蒲烧口味。因为江户时代除了在江户之外，日本各地都有蒲烧泥鳅这道菜色。

关于“凉拌小黄瓜”的部分，书中写道：“老板娘现场拿着菜刀切菜的声音叫人心情愉悦，可惜小黄瓜过熟了，费心准备的三杯酢酱汁（译注：酢、酱油、味醂分别以1∶1∶1的比例调制而成的酱汁）也因为盘里的水将味道给稀释掉了，实在可惜。”频频称赞的则为厚片油豆腐，作者中川爱冰一行人全都对其赞赏连连。《绳暖帘巡食记》中记载：“这道厚片油豆腐真是出色，不愧只有稻荷前才有的，可见是该店的招牌，叫人欲罢不能。”

像这样叫人爱不释手却不能续碗的居酒屋，正如随风摇摆的绳暖帘一样，纾解了因近代化而筋疲力尽的上班族内心的虚脱，同时绳暖帘在历经大正时代走入昭和后，生意越发昌盛。甚至到了平成时代，更演变成连锁餐厅，迎来了黄金时代。

第九章

昭和、平成时代的饮食

しょうわ・へいせいじだいのしょく

平静的昭和个位数年代饮食习惯

围着折叠式矮饭桌一家和乐融融

大正十二年(1923年)发生关东大地震,关东地区遭受莫大灾害,但是借由这个机会整顿基础建设后,使得东京摇身一变成为近代化都市。原本自日俄战争至第一次世界大战这段时间持续进行改革的生活形态,也在这场大灾害的影响下彻底执行。东京从震灾中反省,决定朝向防火建设的目标迈进,建设了钢筋水泥构造的集合式住宅,以及适合上班族居住的西式“文化住宅”,甚至连文化锅以及文化炉等饮食习惯皆陆续登场。

进入昭和时代之后,最引人注目的,应是过去个人专用的箱膳(江户时代以来家庭常见的生活用品,平日用来收纳餐具,用餐时再把盖子翻过来当作餐桌使用)不再时兴,全国开始使用折叠式矮饭桌。四只脚可以折叠起来的矮饭桌为当时的创新餐桌,于明治时代后半期出现于市面上,进入昭和时代初期之后才在全国普及开来。

折叠式矮饭桌有圆形及方形的造型,其中最受欢迎的,是类似西式餐桌的洋风圆桌造型。一家人围着圆形的折叠式矮饭桌坐着吃饭的用餐方式,在过去的日本是从未有过的。这种新形态的饮食模式，就和其他日本化的“西式料理”一样，融合了和洋合并的智慧。全家围着圆形的餐桌用餐，这种用餐方式属于西洋文化的一种；而坐着吃饭这一点，则与箱膳的用餐姿势一样，属于日本自古以来的饮食文化。

自从战后生活稳定下来后，住宅当中的西式房间也与日俱增，演变成设置桌椅的生活模式，而折叠式矮饭桌，正是箱膳与餐桌折中后的产物。折叠式矮饭桌会备受欢迎的理由还有一点，那就是都市里的上班族愈来愈多，一到傍晚会有许多父亲准时下班回家，全家人可以围着折叠式矮饭桌一家和乐融融。在这个时代，每每到了夕阳西下父亲下班回家的时间，孩子们就会雀跃地将餐具陈列在折叠式矮饭桌上。

这个时代还有一个特征，那就是厨房出现了新式工具及家具，其中一种打出“一块榻榻米当七块来用”这句宣传标语的新家具就是橱柜。现在家家户户的厨房里都有橱柜，就是前方为玻璃门设计，内有层架用来收纳餐具的家具。在箱膳的时代，用来吃饭的餐具会注入热汤，喝完后直接放入箱中，但是有了折叠式矮餐桌后，人们开始将餐具洗净后放入橱柜中。

考虑家人营养均衡的料理

进入昭和时代之后，家庭料理的菜色也变丰富了。去公司工作的上班族与学生愈来愈多，午餐吃便当也变得不可或缺。主妇每天早上除了准备早餐之外，也要费心准备午餐便当。便当的配菜诸如佃煮、咸鲑鱼、可乐饼、炸物、煮物等，有些会早起准备，有些则会在前一晚做好，也会善加运用街上随手可得的加工食品。相较于大正、明治时代，折叠式矮饭桌上的料理品项不但增加还变得更讲究了。

当自来水、电力、燃气等基础建设普及之后，用一根火柴棒就能点火的火炉登场，这也使得制作家庭料理变得容易许多。只不过当时的厨房里还没有冰箱，包括蔬菜以及鱼类、肉类等，每次需要什么都得出门采购，但在当时人们认为这是理所当然的。

若是住在靠山的地方或是郊外等地区的家庭，通常会有到府推销或行商的人前来做生意，所以蔬菜、鱼贝类或肉类等食材都能请他们配送过来，可见接近现代生活中的宅配服务已然成型了。进入昭和时代之后，食品产业及食品流通产业十分发达，各式各样的食材都容易购买得到。

生鲜食材及加工食品陆续从全国各地聚集到都会区来，就连牛奶、奶油、起司等乳制品，火腿、香肠等肉类加工食品也变得容易采购到。甚至于番茄酱、咖喱粉、美乃滋、伍斯特酱及化学调味料等新式调味料，也都在进入这个时代之后，在家家户户普及开来，以至咖喱饭还有可乐饼都能简单制作出来。

此外，健康意识的提升更推动了亲手烹调料理的风潮，因为人们会开始思考营养均衡的问题，留意食材的挑选及调味。举例来说，昭和六年（1931年）出版的熊田むめ的《烹调方式之研究》（調理法の研究），便在“烹调大纲”中言明：“食材的挑选及调味如果得宜的话，不但能摄取到营养，完成的料理也会更美味，更能使全家和乐融融。”

市面上出现丰富食材

昭和初期的日本人，主要皆生活在都会区，相较之下营养摄取较均衡。例如副食品会以蔬菜及鱼类为主，另外还会加入肉类料理。这点也记载于前文介绍过的《烹调方式之研究》(調理法の研究)一书当中，该书在当时拥有许多读者，属于家庭料理的食谱。这本书的推荐人为著名的陶艺家，同时也是具有美食家身份的北大路鲁山人(1883—1959年)，他认为："无论是音乐、美术还是食物，甚至于其他事物，能够分辨好坏优劣的人，在这世上并不多见，仅有少数天才懂得辨识。如有老师了解任何一种教育皆始于事物根本的话，能拜师其下的人实属幸福。"接着又盛赞："十分开心熊田老师(该书作者)能为大家推出具生命力的料理书。"

接下来我们通过该书的局部内容为大家说明。在"适合蔬菜的烹调方式"中，首先提到白萝卜，其烹调方式简单说明如下。市场上一年四季几乎都买得到白萝卜，用途广泛。可料理成风吕吹(蘸着芝麻味噌或柚子味噌食用)、各种酢泡白萝卜、凉拌白萝卜丝、煮物(适合搭配油豆腐、虾子、沙丁鱼、鲽鱼、鲣鱼干等)、搭配刺身的白萝卜丝、渍物(浅渍、糠渍、味噌渍、泽庵渍及其他渍物)等。萝卜泥也可用来作为调味料，深受大家重用及喜爱。

继"白萝卜"之后，在书中有解说如何烹调的蔬菜种类如下述这般繁多。烹调方式在此省略，仅为大家列举出蔬菜名称。芜菁、红萝卜、樱桃萝卜、红芜菁、牛蒡、白菜、萝卜嫩芽、水菜、菠菜、松菜、高丽菜、莴苣、西洋莴苣、皱叶莴苣、山茼蒿、鸭儿芹、水芹、巴西利、西洋芹、青紫苏、红紫苏、穗紫苏、花椰菜、蜂斗菜、芋头、山芋、马铃薯、筑根芋(つくね芋)、自然薯、甘露子、百合根、慈姑、土当归、青葱、洋葱、分葱、韭菜、蒜头、薤、生姜、MEUGA(めうが)、芋茎、昆布、海苔、青海苔、海带芽、荒布、江蓠属、松茸、鸿喜菇、香菇、松露、豆渣、竹笋、问荆、蕨、嫁菜、胡椒木、柚子、ZINSAI(じんさい)等。另外,也包括海藻、蕈菇类等,种类不胜枚举。

接下来介绍列举于“适合鱼贝类的烹调方式”当中的鱼类及贝类名称。白肉鱼:鲽鱼、比目鱼、小银绿鳍鱼、小鳍红娘鱼、鲷鱼、马头鱼、黑鲷、牛尾鱼、鲈鱼、多鳞鱚、虾虎鱼、水针鱼、金线鱼、大泷六线鱼、无备平鲉、黑棘鲷、箕作黄姑鱼、翎鲳、海鳗、狗母鱼等。脂肪多的鱼:鲭鱼、幼鰤鱼、鲻鱼、蓝点马鲛、窝斑鰶、沙丁鱼、大沙丁鱼、竹筴鱼、金梭鱼、飞鱼、白带鱼、鲑鱼、鳟鱼、鰤鱼、鲔鱼等。小鱼类:香鱼、鲤鱼、银鱼、鳗鱼、泥鳅等。贝类:鲍鱼、角蝾螺、牡蛎、毛蛤、中华马珂蛤、象拔蚌、TOI贝(とい貝)、螺、帆立贝、蛤蜊、花蛤、蚬等。其他水产:海鳗、章鱼、乌贼、小乌贼、短爪

章鱼、虾子、小虾子、螃蟹、海参等。

除了这些形形色色的食材之外,还加上肉类、肉类加工食品以及鸡蛋等,日常生活的饮食内容看似十分均衡。另外也介绍了西式料理,从汤品乃至于炖菜、牛排、炸物、可乐饼、色拉、奥姆蛋、火腿蛋、咖喱等,比如在"三明治"的说明当中便提道:"面包切成薄片后,中间主要会夹入色拉,属于方便携带的美味料理。类似日本的寿司、握寿司或便当。"当时上班族将三明治当作午餐带到公司吃的情形也愈来愈多了。

昭和初期的超长寿人瑞

日本为世界上数一数二的长寿民族,以平均寿命来看,男性为80.79岁,女性为87.05岁(2015年公布之数据)。依据昭和五年(1930年)当时的平均寿命显示,男性高于44岁,女性则高于46岁,但是不超过50岁。顺带一提,战后的昭和二十二年(1947年),男女平均年龄同时攀上了50岁这个级距,依据这一年所发表的数据显示,男性为50.06岁,女性为53.96岁。

早在昭和初期就有许多人了解如何让自己维持健康长寿,甚至活到了100岁的高龄。昭和八年(1933年),东京日本桥的三越百货公司举办了相关活动,主题为"长寿与人瑞的饮食偏好及生活模式"。这项活动名为"延命长寿会",活动日期自昭和八年(1933年)一月九日至一月二十九日,活动的精彩内容汇整于《延命长寿》这本刊物中留存后世。

这份记录万分珍贵,文章开头处便写道:"本店此次仰赖全国各县市乡镇公所之协助,再加上本公司各分店以出差方式总动员,苦心搜集才完成了这份全国百岁以上人瑞调查报告。经由各负责人员在百忙之中竭尽所能的努力,终能成就日本有史以来十分珍贵的健康人瑞统计资料。"

活动举办当时,年纪超过100岁的人瑞当中,男性有68位,女性为203位,合计共271位。全员出生于1世纪前的江户时代末期,为正宗的"江户儿女",这些长寿人瑞的生活模式,应可成为现代人的最佳借鉴。不同于现在的是,在当时那个医疗资源匮乏的年代,这些人瑞几乎都是借由一己之力才能如此长寿,更拥有超过100岁的健康寿命。

细田春女士(103岁)生于天保二年(1831年)一月

住址:东京市泷野川区田端新町。

长寿原因:不喜欢静下来,自己会找事情做;早睡早起;青壮年时期在上州从事农业。

饮食:没有不爱吃的食物,直到现在仍没有衰老的感觉。

佐藤彦左卫门先生(103岁)生于天保二年(1831年)一月

住址:东京市蒲田区穴守町。

长寿原因:早上四点起床,晚上九点就寝;三餐定时;从事农业。

饮食:偏好面类;不喝酒、不抽烟。

其他方面:例如现在没事时还是会去劈柴等。

指田美代女士(101岁)生于天保四年(1833年)十二月

住址:东京府北多摩郡三鹰村。

长寿原因:过着田园生活;从事农业。

饮食:爱好美食,现在食量仍与青壮年时期相同。

田端佑次郎先生(100岁)生于天保五年(1834年)十二月

住址:东京市浅草区诹访町。

长寿原因:禁酒、禁烟;饮食定量,每天饮用一合牛奶;前往浅草待乳山圣天堂参拜时总是比自己22岁时起得更早,现在仍持续这个习惯;职业为念珠商人。

饮食:晚餐时喜欢来杯葡萄酒。

加藤官先生(101岁)生于天保四年(1833年)四月

住址:埼玉县北埼玉郡大井村。

长寿原因:诸事不劳心;早睡早起;帮忙家事,适度运动;饮食定量,每天努力排便一次;从事农业。

饮食:偏好甜食。

其他方面:共有7名子女,从来不会想要拍照。

须藤嘉造先生(101岁)生于天保四年(1833年)十月

住址:群马县群马郡中川村。

长寿原因:早起劳动;从事农业。

饮食:爱吃荞麦面、白萝卜泥。

其他方面：不喜欢搭乘交通工具，现在仍会徒步超过一里（约4公里）去购物。

仓平春女士（119岁）生于文化十二年（1815年）四月

住址：岩手县下闭伊郡田老村。

长寿原因：常吃稗子、麦子；居住在海拔高且干燥的地区，风景绝佳；不会情绪不安，个性乐观；从事农业。

饮食：正常饮食。

其他方面：未婚。

大泽文女士（102岁）生于天保三年（1832年）十一月

住址：山梨县东山梨郡平等村。

长寿原因：吃蔬食，餐与餐之间不吃零食；喜欢工作；身体总是动个不停；做日光浴；青壮年时期从事农业；现在专心裁缝、帮忙家事。

饮食：最爱吃年糕；每晚各喝三勺酒。

秋田伊世女士（100岁）生于天保五年（1834年）六月

住址：青森县上北郡横滨村。

长寿原因：赤足下田，收成不佳时常吃稗子，且粗食淡饭的习惯始终如一；早睡早起；从事农业。

饮食：摄取少量茶饮。

其他方面：至今仍在协助家人，冬季这段时间则从事裁缝工作。

齐藤庄吉先生(112岁)生于文政五年(1822年)一月

住址:新潟县西蒲原郡月舄村。

长寿原因:饮食定量;限制劳动时间;不劳心。

饮食:喝甘酒,吃酢拌凉菜、薯类。

三宅井乃女士(107岁)生于文政十年(1827年)三月

住址:德岛县美马郡三岛村。

长寿原因:勤于做家事。

饮食:喝茶,吃水果。

其他方面:28岁与丈夫死别后,自此以来一直维持单身。98岁因脑溢血导致半身不遂,仍坚持不吃药,在一个月后便痊愈了。

战争饥饿时代来临

粮食缺乏造成日本人身材瘦小

在昭和时代刚拉开序幕时，社会充满和平自由的气息，但是这种情景并未持续太久，因为战争的脚步声开始逐渐逼近。昭和十二年(1937年)，中日全面战争爆发。相对于意味着战场的“前线”，日本国内开始使用“枪后”这个名词来自称，来年的昭和十三年(1938年)，施行了《国家总动员法》。

这条法律以国防为最优先，为了守护国家，举凡国民征召、协助执行命令，乃至于食材、衣物、石油、电力等，全都归属于政府的掌控之下。政府在未经议会许可下，开始持有统制的权限，国民生活突然受到剧烈打压。

由于统制经济的开始，这个时代逐渐演变成高声疾呼“奢侈有罪”，或是“战胜前都要无欲无求”等口号。政府首先要求国民必须做到“节米”，也就是米要尽可能省着点吃，并在这个节骨眼上实施了“节米运动”。白米变得难以取得，因此出现了节约用米的炊饭方式，那就是混饭。

当米收成质量不佳或者歉收时，日本各地行之有年的“胜饭”(かて飯)就会复活。这是在一把糙米里头，掺杂比糙米多数倍的蔬菜、薯类、海藻及山菜等食材炊煮而成的混饭。而节米混饭，便类似这种胜饭。其做法如下，首先会将高丽菜、马铃薯、红萝卜、洋葱、油豆腐、蒟蒻等现有食材切碎，再以奶油拌炒，接着加些咸味，然后滴入一滴酱油增添风味。最后再将上述食材与另外炊煮好的等量米饭拌匀，分装在一人份的碗里，并撒上海苔丝享用。

不过这种混饭还算过得去的煮法，日子一久，混饭的菜饭比例更加失调，就算味道难以下咽，还会以填饱肚子为优先，使得所有日本人不分男女老幼，身材都变得愈来愈瘦小。为了节约白米，还出现了所谓的面饭盖饭，意即用乌冬面作为米饭的替代食物。做法是将烫熟的乌冬面细切成一厘米左右的长度，然后与葱花一同用奶油拌炒，最后以酱油调味。

用一升容量的瓶子将糙米捣碎

昭和十六年(1941年)十二月，日本毅然决然加入太平洋战争。同年四月，为了将不足够全国国民食用的白米平等分配，东京、大阪及名古屋等都市开始实行白米配给登记制度，没过多久，这项制度便陆续于全国实行。

每人每天的白米配给量为两合三勺(345克)，不过除了白米之外，就连蔬菜、鱼以及调味料等所有食材也都开始匮乏，国民吃不饱的情况日益恶化。依据精米的程度来看，刚开始配给时为接近白米的七成精米(去除七成米糠的白米)程度，但从昭和十八年(1943年)起变成五成精米程度(去除五成米糠的白米)，没多久就变成悄悄保留米糠部分的糙米了。

虽然当时日本政府建议国民食用糙米，因为可完整摄取到米的营养以促进身体健康，但是吃不惯的人，常会因为消化不良引发腹痛。此外，糙米煮熟后体积并不会增加，由于这些因素，陆续出现一些家庭会将一升瓶装的糙米用棍子捣成白米。当时为了解决国民米量不足的问题，警视厅一马当先提出“国策炊米”，也就是将米煮成多出三倍体积的状态，并开始推广开来。这种煮法于昭和十九年（1944年）的《食粮战争》（丸本彰造）一书中，有以下的说明。

> 首先按一升米（糙米）加两升水的比例，将水倒入锅中先行煮沸，水煮滚后米无须清洗直接倒入锅中，接着将浮出的脏东西捞出，再以饭勺拌匀，等米饭煮滚后再将燃气灶转成小火，如果使用炭火，则将火力减少至两小颗木炭的程度，然后直接摆着蒸煮50分钟左右，这样美味的米饭便完成了。这个方法依据实验结果显示，虽然在上手前多少需要费点功夫，且缺点是冷掉后会变得稍硬一些，但是可省去用水淘米的时间，又能锁住营养，也能确实增加两三倍米饭的体积。虽然炊煮时间较长，却只是多耗费了一些燃料，结论是利多于弊。
>
> ……
>
> 此外，我也推荐大家将马铃薯及白萝卜等其他蔬菜，还有薯类一同加入炊煮。毕竟这种煮法是为了增加米饭的体积，因此这一点最为急迫且需要。借由这种煮法，若能将一碗米煮成三碗饭的话，即便配给量减少，也能煮出和过去一样分量的米饭来。

出乎意料美味的杂炊烧

昭和十九年(1944年),就在停战的前一年,都会区的上班族以及出门在外的人,无不为了午餐伤透脑筋。就算自己带了便当,大多数人的便当盒里头往往只有掺入白萝卜、马铃薯或南瓜等食材的节米饭,因此便当盒里装着黑麻麻麦饭的人的午餐还算丰盛。甚至有些人的便当盒里只装了煮熟的马铃薯,也有不少人更是只能吃着由混合面粉及玉米粉以平底锅煎熟的面皮。大家拼死拼活都只是为了生存下去。

这一年,在东京各地出现了"杂炊食堂",这种食堂无须外食券也能一人吃到一碗杂炊,所以每天一到午餐时间,总是大排长龙。外食券是出示米谷登记簿后就会发放的餐券,没有这张餐券,基本上是无法外食的。然而在大街小巷中出现的杂炊食堂则属例外,即便没有外食券也能吃得到东西,因此受到民众热烈欢迎。

进入杂炊食堂之后,会看到大锅子悬挂在店里,而锅中的杂炊饭,则是用极少量的米加入白萝卜叶、地瓜藤蔓及叶片、带皮马铃薯等随意切碎的食材煮成的大杂烩,高汤由蚬或田螺肉熬煮而成,调味方面则是使用了将海藻及大豆等食材加入海水中熬煮而成的替代酱油。碗公里汤汁多的杂炊饭会装至八分满,大家都是津津有味地细细品尝着。虽然表面上说是用米煮成的,但其实使用的是糙米,一碗公杂炊饭约二十文钱。许多在外工作的人,当天午餐想找点什么来吃的时候,一到正午就会争相往街上飞奔而去。毕竟无论哪一家食堂都是先到先得,根本不容拖拖拉拉。

当时每一天的白米配给量为两餐分量,如能靠外食解决一餐,光是这样就有助于家里的米多吃一些时日，杂炊的出现在当时那个年代，让苦于筹措三餐的妻子感到松一口气。即便在一般家庭当中，晚餐大多也是吃杂炊，时常在米中加入蔬菜及薯类，然后再用肉类或油等食材来料理，不但风味佳，而且能摄取到营养，因此多少胜过街上食堂里的杂炊，家人也都会开开心心地享用。

战争快要结束之际，杂炊流行起一种不可思议的吃法，看起来像是大阪烧，又像现在的比萨做法，那就是“杂炊烧”。做法如下，在吃剩的杂炊当中加入任何食材皆可，例如煮熟的薯类或是碎面包等。接着再加入少许面粉，搅拌成面糊状，然后将油倒入平底锅中达一厘米左右的高度，将杂炊面糊双面煎至金黄色泽即可。最后如同甜点一般将杂炊烧分切好了之后，盛装于好看的盘子上就能上桌了。杂炊烧除了适合午餐食用之外，当作小朋友的点心也颇受欢迎。

无米糠的渍物做法

进入太平洋战争末期后，所有食材都相当匮乏，没有咬牙含泪地想方设法，根本无法取得。此时，大家便留意到从未使用过的食材，于是开始以稻草作为腌料来腌渍渍物。昭和十九年（1944年），由神奈川县粮食营团编著，产业经济新闻社出版的《决战食生活工夫集》一书中，便公开说明如何在粮食战争中让人生存下来的替代食物与紧急粮食。这个做法记载于标题为“没有米糠也能制作泽庵”之章节中，做法如下所述。

使用切碎稻草或是稻谷依照一般做法腌渍即可。稻草切成适当长度后，与盐巴一起搓拌均匀，或是用石臼捣碎后使用皆可。用来使渍物发酵的细菌，会附着于稻草或稻谷上。最后摆上白萝卜叶，再盖上比食材重两倍的石头作为压盖。

没有米糠也能制作米糠味噌。将稻谷磨成粉，或是将稻草切短再用石臼捣碎，然后拿来制作糠味噌即可。因为稻谷及稻草内含大量可用来使渍物发酵的细菌。

腌渍稻草渍物或稻谷渍物时，请试着将过去以米糠腌渍的食材改以稻草腌渍，完成后的渍物会十分美味。腌渍方式就是将稻草切成适当长度，用来取代米糠，再与适当的盐巴一起掺入食材当中，依照一般糠渍的要领腌渍。

此外，如有稻谷及豆渣的话，可用来替代糠味噌。做法是先将稻草以灰水洗净后混入豆渣，并与使用糠味噌时一样加入等量的盐巴，然后以腌渍糠味噌时同样的做法腌渍渍物。

同书中还介绍了“茶叶渣的使用方式”，书中记载“以备发生空袭等状况时使用”，令人感受到紧张的氛围。

佃煮茶叶渣

虽然茶叶渣通常被当作马的粮食，但是佃煮茶叶渣这道料理也很美味。做法如下，将少量砂糖及鲣鱼干加入酱油中，依照一般佃煮料理方式烹调即可。可作为便当的配菜，也可装入瓶中以备空袭等状况发生时使用，便于储存这一点在当时肯定备受欢迎。另外，佃煮茶叶渣不仅能当作调味料，还能调制成饮料。将切碎并充分干燥后的成品，用研钵尽可能地磨碎，然后装入瓶中备用，十分适合作为汤品或料理的调味料。

茶叶渣饮品

客人来访时，将适量的佃煮茶叶渣粉末倒入杯中，再加入少量砂糖，最后注入热水即可冲泡成香气四溢的饮品。昭和十九年(1944年)十一月之后，美军B29开始进行东京大空袭，不久后全国各地的空军编队纷纷飞来，使得东京的焦土面积持续扩大。

光靠配给只会饿死

时间来到昭和二十年(1945年)之后，战况更加恶化，在粮食不足以及屡次空袭之下，全日本国民的生活呈现完全麻痹的状态。尽管如此，日本人仍旧喊出“本土决战”或是“宁可玉碎，不为瓦全”这类空虚的口号，国民学校也认真投入竹枪的训练，以备美军于日本登陆。广岛在八月六日、长崎在八月九日先后被投下原子弹，造成广岛有14万人死亡，长崎死亡人数亦有7万人(两者皆为原子弹投下后当下死亡的人数)。八月八日，苏联军也加入战事，不久后战争眼看无法再继续打下去了。

日本政府接受《波茨坦公告》，向联合国答应无条件投降。昭和二十年(1945年)八月十五日，日本败战，战争终告结束。虽然战争结束不再有空袭了，但是与饥饿的对战仍旧持续着。满街都是被烧毁的建筑残骸,住宅问题成为一大难题,食物及衣物也都十分匮乏,更引爆了猛烈的通货膨胀。

战争结束那年,在天气反常的影响下,出现大正、昭和时代以来最惨淡的歉收情形,米相较于前年的收获量,仅达到前年68%的587万吨。当时已不可能从旧殖民地进口,于是还传出“明年会有一千万人饿死”这么一句流言。饿死的人一而再,再而三地出现,据说在东京的上野车站,一天最多发现过6具尸体。

街上充斥着失业民众,军人及一般在外日侨也开始退伍或撤回日本国内。因空袭而失去房子的人,或是无家可归的人,纷纷从火灾后的断壁残垣中捡拾镀锌薄铁皮或木材等建材建造临时棚屋,更有不少人住在防空洞里。

在当时那个年代,用破烂布条裹住身体的流浪汉以及流浪儿童,因为无处可去只好一直蹲在车站里。许多失去兄弟姐妹的战争孤儿,靠着帮别人擦鞋或卖香烟来赚取微薄收入对抗空腹。为了确保粮食产量,上野的不忍池变成水田;空地或车站前的广场、路边、学校操场、高尔夫球场等土地全变成田地,大量种植地瓜及南瓜;国会议事堂周边也被开垦出来作为地瓜田。

包括东京在内,各县市乡镇的广场以及火灾后的断壁残垣里的黑市开始多了起来。黑市也被称作“青空市场”或是“利伯维尔场”,在败战后的来年,也就是昭和二十一年(1946年),东京黑市据说已多达6万家店。这些商店贩卖着以不当手段转卖而来的管制品,以及私底下流通的食品等,消费者络绎不绝。

当时,米以及薯类等主食,还有代替粮食的配给量,每人一天仅有300克,一个成年人根本无法摄取到人体必需热量的一半,因此人民生活困苦,几乎快要饿死。但是只要去到黑市,就会有人贩卖热腾腾的水团(译注:咸汤圆)及杂炊,也会有人站着卖蒸熟的地瓜。甚至会有店家摆出面包及咖喱饭,反正只要有钱就能填饱肚子。

这时还出现了失业的退伍军人以及归国侨胞合力销售物品的摊贩。1946年年底,东京在过年时发放了特别配给品,有300克的年糕,还有少量的酒以及盐渍鲱鱼卵等食材。昭和二十二年(1947年),东京地方法院的山口法官在日记上写道:"不管自己有多苦,我绝对不会到黑市去买卖。"他死守配给生活,最后活活饿死了。因为单靠配给的些许粮食,根本无法维持生命。

以地瓜做主食

昭和二十一年(1946年),地瓜用来代替稻米拯救日本人脱离饥饿,平均每人一年所吃的地瓜多达47.8千克。众所皆知,地瓜自古即被视为救荒作物,于江户时代数度帮助百姓度过饥荒,在某些地区更属于农村的主食,也会用来制作成便当。

地瓜的营养价值高,以白米饭为例,每100克的热量为168大卡,然而每100克烤地瓜却有163大卡,每100克蒸地瓜则为131大卡。地瓜的热量接近白米饭,在维生素的营养方面,白米饭仅含有微量的维生素B群,且不含维生素C,反观地瓜不但内含胡萝卜素、维生素E、维生素B群,每100克地瓜的维生素C含量更高达20毫克。由此可见,地瓜作为紧急粮食反而更胜于稻米,因此战后地瓜才会取代稻米,登上"主食宝座"。

参阅昭和二十年(1945年)静冈县所编著的《昭和二十年八月·饮食生活指南》之复刻版便可发现,书中满载了在战败后粮食取得困难的时代下,如何克服困境并存活下来的智慧。书中详细解说了替代食品的做法与食用方式,其中也介绍了如何运用地瓜。

该书针对地瓜的重要性说明如下:“如要食用,可用来取代米、麦,加以蒸、煮、炸、烤,或是直接切片晒干再研磨成地瓜粉,也能晒干成地瓜片,甚至能煮成熟食,烹调方式千变万化。”此外,书中还注明地瓜的另外一个功用:“茎叶可取代蔬菜。”书中建议读者用来取代蔬菜,包括地瓜叶与茎都不要浪费。

在“地瓜的食用方式”此一章节中内含“地瓜叶的吃法”,共计有14种,其中在当时被大举活用的就是“地瓜粉使用方式”,凝聚各方巧思制作出诸如水团、大阪烧风格料理、蒸面包、制成面疙瘩作为味噌汤的配料等。该书中记载的资料非常宝贵,还有地瓜面条的做法如下所述:“将一升地瓜粉与五合面粉拌匀,加入少量食盐后再加水揉和,接着用擀面棍擀平后切成乌冬面的条状,并放入沸腾的滚水中煮熟,然后倒入冷水里冷却,最后如同一般面条食用。”

继吃水团、地瓜及杂炊之后,粮食缺乏的困境终于逐渐好转了,昭和二十三年(1948年),主食白米的配给量每人一天增加到了两合七勺。砂糖的进口量也与日俱增,甜点业开始找回活跃荣景,

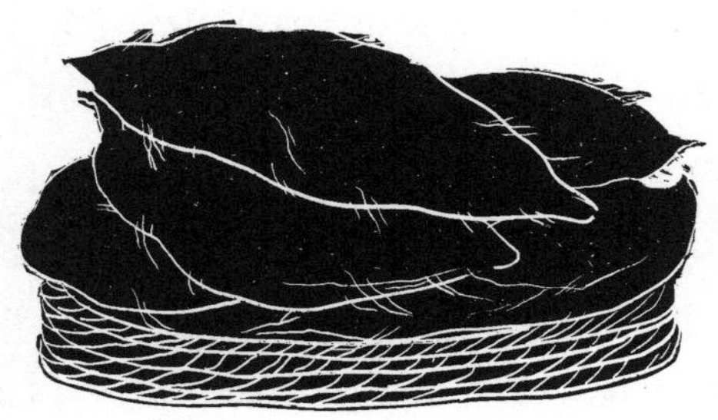

地瓜

饮食生活逐渐有了调剂且变得宽裕。

昭和二十四年(1949年),啤酒屋在大都市重新复活,进入昭和二十五年(1950年)后,诸如牛奶、味噌、酱油等食物都能自由贩卖了。这一年由于发生朝鲜战争,以至于出现特需,日本经济便抓住这个景气回复的契机,使日本迎来了一个崭新的时代。除了食物之外,生活必需品的管控也逐一废止,全国的山区农村及渔村,纷纷开始盛行饮食生活改善运动。经济复兴后,国民的饮食生活终于得以稳定下来。

平成之后和食在全世界备受欢迎

靠电力煮饭的时代来临

昭和时代持续到昭和六十四年（1989年）为止，而其中最有活力且充满希望的年代，为昭和三十年代。昭和二十五年（1950年）爆发朝鲜战争，在战争的特需下，于昭和三十年代中期，日本的经济状态恢复到了战前水平。自此以后，再经过了约莫20年的光阴，日本持续突飞猛进地成长，甚至进步到现代化国家，全世界无不称之为奇迹。这个时代便称作高度经济成长期。

日本之后也继续整顿国内的基础建设，以及针对出口产业发展经济，昭和四十三年（1968年），GNP（国民生产总值）已紧追美国，成为世界第二的经济大国。得以达到如此惊人的成长，在于日本人的勤勉、诚实、手脚灵巧，以及习得技术后进而学以致用的卓越能力，这些能力皆从绳文时代制作土器的技巧承继而来，可说是日本人与生俱来的天分。

古人教导使用炉灶煮饭时“先小火再大火”的这套方式也出现变化，因为时代已演变成按下一个开关就能煮出美味米饭的时代。昭和三十年（1955年），东芝推出了用电力控制时间及温度的电饭锅，大大减轻了家庭主妇的负担。据说来年销售突破100万台，成为超级热销的商品。

昭和三十年(1955年)的稻米收获量高达1239万吨,为史上最佳的大丰收状态,黑市米的价格低于配给米,长久以来的米饭不足时代终于结束。尔后,日本人的能量与蛋白质摄入量,全都回到了战前水平。渔获方面也顺利成长,该年秋刀鱼的年度渔获量约277万吨,这等渔获量在近年也是近年罕见,十足发挥着蛋白质供给来源的重要角色。

被称作三大神器的"电视、洗衣机、冰箱",更在这个年急速于家家户户普及开来,当时的报纸便报道:"最近洗衣机成为必备嫁妆之一,用洗衣机取代洗衣盆当嫁妆的新娘暴增。"(《朝日新闻》昭和三十年七月一日)

备受欢迎的快餐食品

昭和三十九年(1964年)东京举办奥运会,处处都开始整顿基础建设,并进行大规模的建设及道路工程。象征高度经济成长现象的东京铁塔,于昭和三十三年(1958年)落成,该年足以改变传统饮食文化的加工食品正式登场。

日清食品推出了世界首创的"チキンラーメン"(CHIKINRAMEN,译注:鸡肉拉面),就是只需注入热水,在极短的两三分钟内即可食用的快餐拉面。这项划时代的新商品,是将蒸熟面条融入鸡汤风味,然后再经油炸,因此只要淋上热水,就能完成这道快餐拉面。一份快餐拉面卖35日元,在当时属于高价商品,毕竟在那个年代一瓶牛奶也才10日元。不过,快餐拉面在推出后立即受到热烈欢迎,日本国内就不必说了,甚至在北美洲、欧洲及亚洲等地,也都迅速成为热销商品。

整个社会弥漫着兴旺景气，然而自古沿袭下来的家族制度，也在这个年代出现了各式各样的问题。女性投入社会工作，变得没办法准备三餐饮食，再加上核心家庭及独居生活者也愈来愈多，所以在这个年代演变成大家都偏好简单不费事，马上就能食用的快餐食品。速溶咖啡、速食咖喱饭、速食乌冬面等商品陆续出现在市面上，如能好好活用这些快餐商品，的确可以极有效率地解决一餐。

之后，各家食品公司也纷纷加入快餐拉面的生产行列，甚至出现将高汤粉分开包装的产品，以及装入容器中的杯面等，这些商品同样引发抢购热潮。如今除了日本之外，快餐食品已在全世界的饮食文化中扎下根基。

早餐吃面包的人与日俱增

日本人战后食用米饭最多的年代，是在昭和三十七年(1962年)，东京奥运开幕前两年，这段时间高景气持续。东京铁塔耸立在东京晴空下，电影院当时正上映着在当时掀起一股风潮的《三丁目的夕阳》(三丁目の夕日)。若说到当时吃了多少米，平均每人一年就吃掉了118千克。2014年，日本人的年人均稻米摄取量为55千克左右，所以当时的人吃了2014年稻米摄取量两倍以上的分量。那时为日本经济急速成长的年代，昭和时代的日本人会摄取满腹的热量，为日本的发展热血奋斗。

以人口结构而言，当时那个年代比现在拥有更多青壮年；以超过65岁为高龄的人口老龄化比例来看，昭和三十五年(1960年)人口老龄化比例为5.7%，2014年则为27%。昭和三十年代的日本，好比年轻且正值全力投入工作的青壮年时期，一路走上坡。2014年，在日本每四人就有一人为65岁以上的高龄者，属于高龄者众多的社会，且高龄人数今后也将继续增加。

东京的人口于昭和三十七年（1962年）突破了1000万人，进入这个时代之后，面粉的消费量也与日俱增，这时候面包、意大利面、拉面这类的小麦制品，才得以入主自古以来一直被米饭独占的主食宝座。单单是都会区，就有愈来愈多家庭拿面包当早餐吃。比起煮饭这种费时耗力的米饭类早餐，面包准备起来较为简便。同时在副食品这方面也出现变化，肉类、乳制品、色拉、汤品等料理开始登上餐桌。

昭和三十三年（1958年）发行的《和洋中华·家庭料理全书》（高宫悦雄监修）除了介绍和食之外，甚至连西洋料理、中华料理的家庭式做法全都囊括其中，此外甚至在“营养的理论与实际做法”此一章节中，以副标题“如何改善日本人体格”加以论述。全书有680页，可以说是一本相当实用的料理书，该书序言中说道：“如今在日本国内引进了世界各国的各式料理，给饮食生活带来极大变化，举例来说，目前一天当中有一餐吃面包的家庭逐年增加，因此国民的嗜好也出现了惊人的转变。”接着又提及“营养均衡”的话题，书中记述日本人除了西式料理及中华料理之外，其他的外国料理也必须一一去芜存菁广泛学习，并与日本传统米饭料理的优点加以融合，制作出人人喜爱的美味料理，同时兼顾料理的营养价值。

始于昭和三十年代的新和食

上述书籍的主要读者群为家庭主妇及未婚的年轻女性，自昭和三十三年（1958年）初版至昭和三十五年（1960年）为止，三年内加印到了第七次印刷，极受欢迎。封面的料理图片，全为彩色印刷且十分精美。在“最新厨房器具”的插图中，还介绍了电饭锅、压力锅、炉式过滤式咖啡壶、烤箱、食物调理器、保温杯、保温瓶、打蛋器、量杯、中华炒锅及滤油壶等器具，与现在没什么两样。

翻阅目录会看到关于各类主题的详细解说，诸如肉类料理、鱼类料理、蔬菜料理、搭配面包的熟食、各式色拉、各式汤品、各式锅类料理、各式内脏料理、各式蛋类料理、各式豆腐料理、各式米饭料理、各式面包、各式三明治、营养满分的面类料理、制作简便的便当熟食、款待客人的甜点做法、各式常备菜、孕妇及产妇的营养料理、婴幼儿料理、病人专用特殊营养料理等，而且至今仍旧能派上用场。

一提到昭和三十五年（1960年），正好是人气电影《三丁目的夕阳》上映的那一年。从碳水化合物、蛋白质、脂质等饮食内容来看，碳水化合物的摄取量较多，且都会区的居民主要会从炸物当中摄取蛋白质，另外脂质的摄取量也增加了。昭和五十年（1975年）左右的日本人，营养摄入十分均衡，当时的饮食被称作“超级和食”而备受瞩目，不过这股风气早从昭和三十年代便已经开始了。这个时代饮食的最大特征，就是习惯均衡食用各式各样的食材。虽然在昭和五十年代的人一直大量摄取热量，却没想到身材竟比热量摄入更少的平成人纤细。

在昭和五十年(1975年)左右的饮食当中,大量使用了大豆、海藻及根茎类植物等食材,这些食材都可以促进新陈代谢并能有效抑制肥胖,非常健康。此外,不同于现在出门搭车的社会风气,当时的人在日常生活中都习惯活动筋骨,这点与平成时代的生活习惯很不一样。因此在当时的日常生活中,人们就能有效燃烧体内脂肪,有助于预防肥胖。饮食生活的变化,也改变了饮食形态。自昭和三十年代后半期开始,民众开始从折叠式矮饭桌改为使用餐桌;在昭和五十年至六十年(1975—1985年)这段时间里,经济成长而使民众生活富裕,逐渐迎来了餐桌的时代。

高龄者众多的国家

昭和六十四年(1989年)一月七日,昭和天皇驾崩,昭和六十四年只过了七天便改称“平成元年”。昭和历经败战、粮食危机、高度成长这些高潮迭起后降下帷幕,平成时代从此展开。号称“Japan as Number One”的经济大国日本,当时根本没料到国家会面临产业空洞化,年功序列和终身雇用制度崩坏,再加上少子化、人口老龄化与国民医疗费骤增这些问题。

战争结束后的昭和二十二年(1947年),日本人平均寿命如下,男性为50.06岁,女性为53.96岁。之后,在饮食生活提升、生活环境改善以及医疗技术进步等因素的影响下,日本人寿命持续延长。平成二十七年(2015年),日本男性的平均寿命达到80.79岁,女性为87.05岁。

在日本,新生儿人数逐年减少,导致日本最快成为全世界高龄者众多的国家。65岁以上人口占全国总人口比例被称作“人口老龄化比例”,这一比例如果超过7%即为“老龄化社会”,达14%以上则称作“高龄社会”。接着来比较看看各个国家人口老龄化比例从7%达到14%的速度。美国花了72年,法国花了115年,然而日本只用了24年就达到了,而且日本在老龄化程度方面一直持续占据世界第一的位置。

预料平均寿命今后也会延长,高龄社会将更加膨胀。在2025年,人口密集的团块世代(译注:意指日本战后出生的第一代)这群人将全部超过75岁,可见医疗及看护需求也会不断增加。令人松一口气的是,从另一个角度来看,健康的高龄者也变多了。愈来愈多高龄者仍留在职场,且活跃地出入烧肉店、居酒屋,更积极从事购物、旅行、健行等活动,乐于长命百岁的银发族与日俱增;反观超过75岁,申请需要看护审核的人,只占23%的比例(2015年数据)。

日本高龄人士活力十足且态度积极

愈来愈多高龄者汗流浃背积极投入健康管理，他们会在早晨散步、健行、登山、上健身房，比起边走路边滑手机的年轻人，看起来更有活力。他们会借由优格摄取乳酸菌，降低盐分的摄取，摄取Omega-3脂肪酸使血液变清澈，更有愈来愈多银发族主动食用苹果、纳豆、蒜头、绿茶、咖啡、糙米、大麦这类食物，期待这些机能性食物所带来的功效。

高龄者坐在车站前的咖啡厅里，吃着甜甜圈享用咖啡的身影，如今在这个时代已是理所当然。2015年，日本有1700兆日元的个人资产，而高龄者就掌握了其中的60%。当然并非所有的高龄者皆平均持有这个数目的资产，但是肯定有钱人是相当多的。这笔数额的资产如能用来消费的话，相信日本国内景气肯定会好转。65岁以上银发族占日本总人口的比例，在昭和五十五年(1980年)为9%左右，以先进国家来说还算是个年轻的国家；然而现在这个比例却变成27%，变成全世界高龄者人口最多的国家了。尤其女性高龄者的人数占比更高，65岁以上高龄者占人口总数的比例，在平成二十八年(2016年)为30.1%，首次超过人口总数的三成；男性为24.3%；男女合计为27.3%，刷新了过去的纪录。

日本的高龄者，不但元气十足且相当活跃。依照各年龄层分析每个家庭为团体旅行所支出的金额来看，支出最多的是高龄者组成的家庭，达到6万日元以上，凌驾其他年龄层的家庭，名列前茅。高龄者也会不惜花费金钱维持身体健康，比方像在健康食品等营养补充食品方面的支出也是不断增加的。

依据劳动力调查结果，于平成二十七年(2015年)仍在职的高龄者人数共计780万人，创下前所未有的纪录；就业率为20%，超越美国的18%、加拿大的12%，比欧美6个国家的高龄者就业率都要来得高。日本高龄者的体力也在持续提升当中。根据平成二十八年(2016年)运动厅的数据统计可知，高龄者体力提升程度表现优异，体力测验平均合计分数方面，65岁至69岁的女性，以及75岁至79岁的男女，全都创下有史以来的最佳成绩。尤其65岁以上高龄人士在握力、仰卧起坐等各项目中的成绩，几乎都呈现往上攀升的趋势。

日本早先一步出现的少子高龄化问题，今后每一个国家都会发生，相信会成为无法避免的社会问题，此时正是一马当先的日本展现实力的大好良机。因此美味又健康，且具长寿功效的饮食文化，将成为不可或缺的要素。

催生长寿的“三菜一汤”

日本拥有全世界第一美味又健康，而且美不胜收并备受盛赞的“和食”。所以在平成二十五年(2013年)十二月，“和食·日本人的传统饮食文化”被联合国教育科学文化组织纳入世界非物质文化遗产。日本继歌舞伎及能乐之后，和食为第22件被纳入的世界非物质文化遗产。该年六月，象征日本的富士山也被纳入世界遗产。

和食的基本在于“三菜一汤”。菜色包括米饭，再搭配以味噌汤为主的汤品，还有三道配菜及渍物。三菜分成主菜、副菜及副副菜这三样。配菜会使用春夏秋冬的四季食材，以及各地区五花八门的原生食材，并通过活用食材原味的烹调技术料理而成。上述菜单所形成的基本饮食模式，即为和食文化。而和食的特征便在于盛盘时会将大自然更迭的美丽景象展现出来。此外，和食也与过年或插秧这类节日习俗的传统饮食息息相关，衍生出吃杂煮及年节料理庆祝新年，节日煮赤饭来吃的饮食文化。

日本人在动筷前会说“我要享用了”，放下筷子时会说“感谢招待”，对大自然的恩惠始终抱有感激之情。米饭摆在正中央，一边吃米饭一边品尝汤品以及各式配菜，吃饭的期间再夹起渍物清清舌头，这种饮食模式不但可以降低整体热量的摄取，而且又有满足感。一般副菜会搭配根茎菜、海藻、山菜、豆类料理等菜色，而这种饮食方式可摄取到各类维生素以及食物纤维等，十分有益健康。

和食重视当令食材，同时也善于运用高汤，营造出和食特有的鲜味。山明水秀的大自然孕育出软水，因此才能熬煮出味道鲜甜的美味高汤。除了甜味、咸味、酸味、苦味这几种味觉之外，和食中的“鲜味”已获国际公认，英语也会用“Umami”来表现这种味道。自20世纪90年代后半期开始，“鲜味”更被视为五味之一。最近与“Umami”齐名的还有“Dashi”（高汤）这个名词，目前已通用于美国及欧洲的料理界。

美食与长寿饮食之国日本

鲜少使用油脂，借由昆布及鲣鱼干等食材酝酿出鲜味的料理，而且有益健康，受到全世界的欢迎，这就是日本高汤的饮食文化。号称世界第一坚硬的食物，就是日本的鲣鱼干。鲣鱼干虽硬，但风味极佳，削下来食用的话，外国人总说味道完全就像牛肉干，无不瞠目结舌。如果双手拿着质量好的鲣鱼干敲打,会发出咔的一声,宛如击梆子的声响。上等鲣鱼干的成品,其重量约为生鲜鲣鱼的五分之一。因此鲜味会被浓缩起来,变成芳醇的鲣鱼干。鲜味的来源,主要来自肌苷酸等多达30种的氨基酸,相对于欧美各国以油脂为主的浓厚风味,鲣鱼干的鲜味既清爽又不腻口。

高汤的鲜味成分,除了鲣鱼干的肌苷酸之外,还包含昆布的谷氨酸、干香菇的鸟苷酸等成分。高汤的食材,会借由与其他高汤食材的搭配变化,使鲜味倍增。举例来说,目前已知搭配干香菇及昆布熬煮而成的高汤,其鲜味将攀升数倍。若以常用的昆布与鲣鱼干一起熬煮,据说这种高汤的美味度也会提升近7倍,这些自古流传下来的和食高汤运用之法令人惊艳。

奈良时代,人们早已懂得如何运用晒干的鲣鱼,此外也会熬煮鲣鱼干,浓缩鲣鱼风味制成"煎汁"当作高汤使用,而煎汁正是现在的液体调味料的前身。利用鲣鱼干及小鱼干等食材熬煮的高汤,现在依旧是家家户户熟悉的味道。以鲣鱼干等食材熬制的高汤里头,含有大量的色氨酸,也就是所谓的必需氨基酸。而色氨酸正是血清素的原料,血清素具有稳定情绪,使人心情开朗的作用,相信这也与日本人重视人际关系,珍惜人与人之间的感情有所关联。

追根究底,"和食"的"和"这个字,具有"和缓"或是"调和"之意。沉稳的日本人背后,就是因为有了富含氨基酸的高汤,以及利用高汤所烹调出的美味料理,大大提升了味觉上的满足感,才使得日本人愈发温和。

由于和食的食材大多为当令蔬果,所以可摄取到维生素C以及其他抗氧化成分,还有大量的食物纤维。虽然日本人主要都是吃鱼,但也会吃肉。主食更无须多言,就是粒食的米饭。像这样营养均衡的饮食文化，才造就出世界第一的长寿民族。自绳文时代开始，至今已历经了一万年。这一路悠长且遥远，正因为走过了这条悠长遥远的路程，最终才能成就现在这个讲究“美食与长寿饮食”的国家。

参考文献

陈寿撰:《魏志·倭人传·后汉书倭传·宋书倭国传·隋书倭国传》(中国正史日本传①),石原道博编译,岩波文库,1951年。

太安万侣编撰:《古事记》,武田佑吉谭注,角川文库,1956年。

舍人亲王等人撰:《日本书纪》,坂本太郎、家永三郎、井上光贞等校注,岩波文库,1994—1995年。

佐佐木信纲编:《新训万叶集》,岩波文库,1927年。

次田真幸:《万叶集评说》,明治书院,1948年。

《口译万叶集》,折口信夫译,河出书房新社,1976年。

《绳文人吃些什么》(縄文人は何を食べたか),《季刊考古学》创刊号,雄山阁出版,1982年。

《日本的历史①原始·古代》(日本の歴史①原始·古代),朝日新闻社,1995年。

小林达雄编著:《最新绳文学的世界》(最新縄文学の世界),朝日新闻社,1999年。

永山久夫:《食物的超古代史》(たべもの超古代史),河出书房新社,1997年。

永山久夫:《食物的古代史》(たべもの古代史),河出书房新社,

1984年。

山岸良二:《绳文人·弥生人101个谜团》(縄文人·弥生人101の謎),新人物往来社,1997年。

奈良县立橿原考古学研究所附属博物馆编:《弥生人的四季》(弥生人の四季),六兴出版,1987年。

柏原精一:《图说邪马台国物产帐》,河出书房新社,1993年。

山岸良二:《科学如此解析古代》(科学はこうして古代を解き明かす),河出书房新社,1996年。

永山久夫:《日本古代食事典》,东洋书林,1998年。

松尾光:《天平的木简与文化》(天平の木簡と文化),笠间书院,1994年。

关根真隆:《奈良早餐生活之研究》(奈良朝食生活の研究),吉川弘文馆,1969年。

清少纳言:《枕草子》,松尾聪、永井和子校注译,小学馆,1974年。

紫式部:《源氏物语》,阿部秋生、秋山虔、今井源卫校注译,小学馆,1970—1976年。

佚名:《大镜》,橘健二校注译,小学馆,1974年。

佐伯梅友、村上治、小松登美编:《和泉式部集全释·续集篇》,笠间书院,1977年。

佚名:《宇治拾遗物语》,中岛悦次校注,角川文库,1960年。

源顺撰,中田祝夫编:《倭名类聚抄》,勉诚社,1978年。

佚名:《玉造小町子壮衰书》(小野小町物语),杤尾武校注,岩波文库,1994年。

《平家物语》,佐藤谦三校注,角川文库,1959年。

荣西:《吃茶养生记》,古田绍钦译注,讲谈社,1982年。

吉田兼好:《徒然草》,安良冈康作译注,旺文社,1971年。

佚名:《庭训往来》,石川松太郎校注,平凡社,1973年。

佚名:《尘冢物语》,铃木昭一译,教育社,1980年。

雄山阁编:《资料食物史》,雄山阁,1960年。

樱井秀、足立勇:《日本食物史(上)》,雄山阁出版,1973年。

笹川临风、足立勇:《日本食物史(下)》,雄山阁出版,1973年。

太田牛一:《现代语译 信长公记》,中川太古译,新人物文库,2013年。

小濑甫庵:《太阁记》,桑田忠亲校订,新人物往来社,1971年。

立花实山原编著:《南方录》,户田胜久译,教育社,1992年。

矶贝正义:《改订甲阳军鉴》,服部治则校注,新人物往来社,1976年。

汤浅常山:《定本常山纪谈》,铃木棠三校注,新人物往来社,1979年。

冈谷繁实:《名将言行录》,岩波文库,1943—1944年。

《杂兵物语·阿编物语》(雑兵物語·おあむ物語),中村通夫、汤泽幸吉郎校订,岩波文库,1943年。

中村孝也他监修:《家康史料集(駿府記·三河物語·慶長記)》,小野信二校注,人物往来社,1965年。

永山久夫:《战国武将的饮食生活》(戦国武将の食生活),河出书房新社,1990年。

永山久夫:《战国的食术》(戦国の食術),学研新书,2011年。

松田毅一、E. Jorissen:《佛洛伊斯的日本觉书》(フロイスの日本覚書),中央公论社,1983年。

永山久夫:《武将饮食》(武将メシ),宝岛社,2013年。

永山久夫:《食物的江户史》(たべのもの江戸史),河出书房新社,1996年。

佚名:《料理物语》,平野雅章译,教育社,1988年。

人见必大:《本朝食鉴》,岛田勇雄译注,平凡社,1976—1981年。

渡边信一郎:《江户川柳饮食事典》,东京堂出版,1996年。

日本风俗史学会编:《图说江户时代食生活事典》,雄山阁出版,1978年。

山本成之助:《川柳食物事典》,牧野出版,1983年。

杉野权兵卫:《名饭部类》,福田浩、岛崎登美子译,教育社,1989年。

越谷吾山编:《物类称呼》,东条操校订,岩波文库,1941年。

江原惠:《江户料理史考》,河出书房新社,1986年。

松下幸子:《江户料理读本》,柴田书店,1982年。

寺门静轩:《江户繁昌记》,竹谷长二郎译,教育社,1980年。

喜多川守贞:《近世风俗事典》,江马务、西冈虎之助、滨田义一郎监修,人物往来社,1967年。

石井治兵卫:《日本料理法大全》,川岛四郎监修,新人物往来社,1977年。

《明治文化全集·文明开化篇》,日本评论社,1929年。

仲田定之助:《明治商卖往来》,青蛙房,1969年。

花之屋胡蝶:《全年熟食的做法:素人料理》(年中惣菜の仕方:素人料理),静观堂,1893年。

富田仁:《西洋料理来了》(西洋料理がやってきた),东京书籍,1983年。

加藤秀俊、加太浩二、岩崎尔郎等:《明治·大正·昭和世相史》,社会思想社,1967年。

《明治文化全集·文明开化篇》,日本评论社,1929年。
明治文化研究会编:《明治文化全集风俗篇》,日本评论新社,1955年。
中川爱冰:《四季的料理》(四季の料理),Iroha Publishing,1916年。
割烹讲习会:《西洋料理法》,前田文进堂,1922年。
小泉和子编:《折叠式矮饭桌的昭和》(ちゃぶ台の昭和),河出书房新社,2002年。
原田胜正:《昭和世相史》,小学馆,1989年。
丰泉益三编:《健康耀眼地长命百岁》(健康に輝く延命長寿),三越延命长寿会,1933年。
小菅桂子:《日本洋食物语》(にっぽん洋食物語),新潮社,1983年。
陆军省检阅:《军队调理法》,粮友会,1937年。
丸本彰造:《食粮战争》,新大众社,1944年.
斋藤美奈子:《战争下的食谱》,岩波现代文库,2015年。
酒井伸雄:《日本人的午餐》(日本人のひるめし),中央公论新社,2001年。
日本女子教育会编:《和洋中华家庭料理全书》,日本女子教育会,1960年。
后藤武士:《一读就懂的平成史》(読むだけですっきりわかる平成史),宝岛社,2014年。
山田胜监修:《1个主题花5分钟了解原因始末的日本史》(1テーマ5分で原因と結末がわかる日本史),实业之日本社,2016年。
日本历史乐会:《你学过的历史知识落伍了! 变动的日本史》(あなたの歴史認識はもう古い! 変わる日本史),宝岛社,2015年。